服装设计表现

Corel DRAW 表现技法

吴训信 石淑芹 著

U0315002

中青雄狮

中国青年出版社

前　言 Preface

软件简介

　　随着时代的发展，为满足服装行业日益发展的各种需求，计算机技术越来越多地被应用在服装设计领域。作为全球知名、功能强大的设计绘图软件，CorelDRAW 成为当今服装设计行业不可缺少的制图辅助软件，各大院校针对服装艺术设计专业纷纷开设了 CorelDRAW 服装设计课程。笔者从事服装设计及教学十余载，在长期运用 CorelDRAW 进行服装设计和教学的过程中，不断探索如何结合服装设计的特点，令学生循序渐进、深入浅出地掌握和运用 CorelDRAW 来进行服装设计，多年的积累终于促成了本书的写作。

内容导读

　　根据 CorelDRAW 以及服装设计的特点，在结合院校服装设计的课程设置的基础上，笔者在本书中对相关章节内容进行了较为合理的编排和有针对性的讲述。第一章为 CorelDRAW 软件的入门介绍，第二章介绍服装设计的基础知识，第三章讲解服装局部的设计与表现，第四章至第九章分别对用 CorelDRAW 设计与表现女装、礼服、毛织服装、运动装、男装和亲子装的方法进行了有针对性的讲述，第十章则是用 CorelDRAW 辅助服装品牌推广的方法。其中第二章由石淑芹写作，其余章节由吴训信执笔完成。

作者致谢

　　本书是作者多年使用 CorelDRAW 进行设计与教学经验的总结，特别适合服装设计专业的学生或相关服装设计从业人员学习。

　　本书在编写的过程中，得到了许多设计师、同事和朋友的支持，特别是黎荣鹏、肖韵、林燕娜、陈娥婷等设计师朋友慷慨地提供了优秀的设计作品，为本书增色不少；中国青年出版社的编辑朋友的敦促与鼓励也是本书写作过程中不可缺少的助力。在此，我们对成书过程中给予帮助的相关机构和人员表示深深的感谢。

　　作者在编写本书时力求严谨细致，但由于每个人的知识见解都有一定的局限性，另加时间有限，因此书中难免出现纰漏之处，恳请各位读者批评指正。

吴训信
2015 年 6 月

目 录 Contents

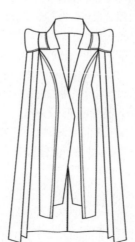

Chapter **04** 女装的设计与表现

Chapter **05** 礼服的设计与表现

Chapter **06** 毛织服装的设计与表现

Chapter **07** 运动装的设计与表现

Chapter **08** 男装的设计与表现

Chapter **09** 亲子装的设计与表现

Chapter **10** 服装品牌推广

Chapter **01** CorelDRAW入门

　　随着服装行业和计算机数字技术的发展，在服装设计和应用中越来越离不开电脑艺术设计。而服装设计中一些利用手绘的传统工作项目，如灵感图的收集排版、款式图的绘制、效果图的呈现等，由于各种各样的条件限制，在绘制图形、变换色彩、更改款式等方面的速度跟不上客户需求变换的节奏，因而这类工作在很大程度上被电脑数字技术所替代。而在诸多的电脑绘图软件中，CorelDRAW不仅功能强大，而且操作简单，易学易用。

1.1　认识CorelDRAW

　　CorelDraw是目前全球最受欢迎的矢量图设计软件之一，该软件由加拿大Corel公司推出，提供了强大的图像处理功能。从图形的绘制、图文的排版、文字的处理、位图的编辑、文件的转换等，该软件几乎无所不能。同时，它还支持外接多种具备图像编辑相关功能的设备，并且经过不断的完善，增加了与各种相关专业软件文件格式的兼容性。

　　在色彩方面，CorelDRAW 给设计者提供了各种配色模板，颜色变化多样、层次丰富、转换快捷、渐变色彩平滑、自然。在图形编辑方面，CorelDRAW有足够多的图形编辑工具和图形转换功能，你能想到的图形编辑功能在CorelDRAW的编辑面板中基本都可以找到，或者利用工具栏中的图形编辑工具能很轻松地将简单图形转换成你想要的图形。

1.2　CorelDRAW与其他软件菜单栏的异同

　　每款软件都有与其他软件相同的地方，但又有自己的特点。在学习软件的过程中，找出不同软件之间的共性和个性，有利于我们在学习中有的放矢，使我们能更快、更好地掌握新的软件。本章我们就拿CorelDraw和大家比较熟悉的绘图软件photoshop、办公软件World进行分析。大家可以在平时的学习中打开更多的软件进行对比，你会得出相同的结论。

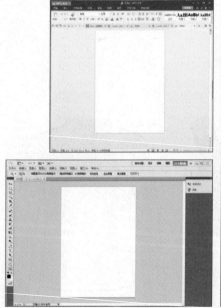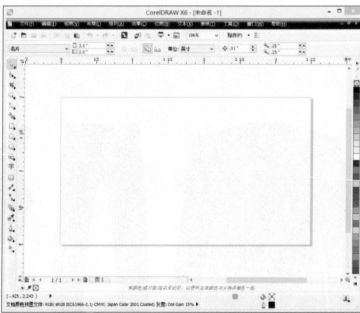

不同软件的界面

1.2.1 CorelDRAW与其他软件相同的菜单

每个软件的菜单栏上一般都有文件菜单、编辑菜单、视图菜单、窗口菜单和帮助菜单。这些菜单中的子菜单操作步骤基本上是相同的，只要你熟悉任何一款软件的操作，按照相同的方法就可以学习另一款软件。

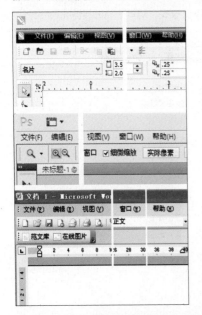

不同软件菜单栏中，文件菜单、编辑菜单、视图菜单、窗口菜单和帮助菜单的子菜单在操作步骤上基本是相同的

通过对比分析我们发现，CorelDraw的文件菜单中，新建、打开、保存、另存为、导入、导出等的用法与其他软件是相同的；编辑菜单中的复制、粘贴、撤销、重做等的用法也与其他软件相同，尤其是编辑菜单中的再制（Ctrl+D）功能在实际操作中应用起来非常方便，要熟练掌握；视图菜单中基本上都是与标尺、辅助线、网格相关的操作，当你想找标尺或者想借助辅助线来绘图时，就可以在视图菜单中找到这些功能。但在视图菜单中，需要注意的是贴齐功能的使用。当你选中贴齐对象时，鼠标的操作会有些不够顺滑。因此，当你感觉鼠标不好控制，并且不需要贴齐功能时，要在视图菜单中检查是否勾选了贴齐对象功能，如果选上了，可以把它取消，这样鼠标的操作就会顺滑了。

在窗口菜单的下拉子菜单中，主要是浮动面板，当你发现工具栏或者调色板等操作面板不在页面显示时，通过窗口菜单就可以将其找出来。而帮助菜单对于绘图操作没太大作用，此处就不再赘述。

1.2.2 CorelDRAW不同于其他软件的菜单

在CorelDRAW中，为了对多种对象进行有效编辑，分别有针对矢量图形编辑的布局菜单和排列菜单，针对位图编辑的位图菜单，针对文字段落编辑的文本菜单和针对表格编辑的表格菜单。此外，在工具菜单中，还有针对对象管理和颜色编辑的多种功能。CorelDRAW其他独具特色的菜单，在本书中会结合服装设计表现，对其功能进行详细介绍。

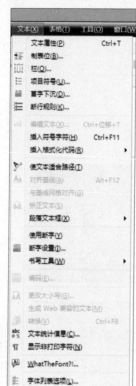

CorelDraw中具有针对性功能的各项菜单

1.3 服装设计中 CorelDRAW的常用工具

在学习任何的一款软件时，了解这款软件最为常用的工具，有利于我们在学习过程中合理地分配时间和精力。而对重点和难点进行详细分析，能够使我们更快更好地掌握这款软件。特别是CorelDraw的功能非常强大，我们在学习的过程中不可能面面俱到，因此结合实际情况，我们从服装设计的常用工具入手，了解其重点和难点，是相当必要的。

1.3.1 挑选工具

在使用CorelDraw编辑操作图形的过程中，首先要选取对象才能展开后续操作。挑选工具主要用来选择对象，在工具栏中选择挑选工具，用挑选工具单击需要操作的对象，该对象既被选中。此外，挑选工具还能对图像进行简单的变形操作。

选中挑选工具，单击所需要的对象就可以选中对象

选中对象后，将鼠标放到对象的边缘，就可以改变对象的外形

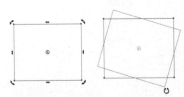
选中挑选工具，双击对象，当四角的控制点变形后，就可以旋转对象

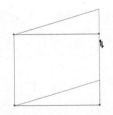
选中挑选工具，双击对象，将鼠标放到侧边的控制点上，鼠标变形后就可以将对象倾斜变形

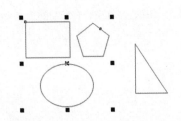
选中挑选工具，按住 shif 键，再单击其他对象，就可以选择多个对象

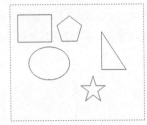
选中挑选工具，拖曳框住所需的对象，被框住的对象全被选中

1.3.2 形状工具

形状工具是对图形进行编辑和修改的工具，一般与贝塞尔工具、矩形工具和椭圆形工具等结合使用，对所绘制出的路径或图形进行编辑和修改。

在利用形状工具时，先在工具栏单击形状工具图标选择该工具，再选择已有路径或图形的调节节点，然后按住鼠标左键，通过拖曳调节节点之间的蓝色控制虚线的长度和角度，就可以改变曲线的方向和弯曲的程度，对节点的调节完成后释放鼠标即可。

注意，在工具属性栏上有断开曲线、连接两个节点、转换为曲线、转换为直线、平滑节点、对称节点、增加节点、减少节点等属性可以应用，在用形状工具选中节点后，用这些属性可以对路径和图形进行进一步操作。

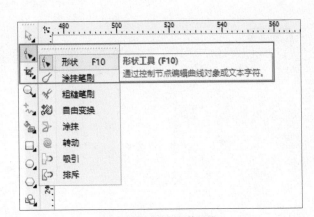
在工具栏中找到形状工具

属性栏中的选项可以对路径进行进一步操作

1.3.3　贝塞尔工具

贝塞尔工具是CorelDraw最为常用的工具之一，可以绘制优美平滑的曲线以及规则或不规则的各种图形。

选中贝塞尔工具，用鼠标在页面上选择一点并单击，就可以确定曲线的起始点，再选择另外一点单击，就可以绘制一条直线；在不同的地方连续单击鼠标，就能绘制出折线；按住shif键则可以绘制出垂直线、水平线或者45°的斜线。

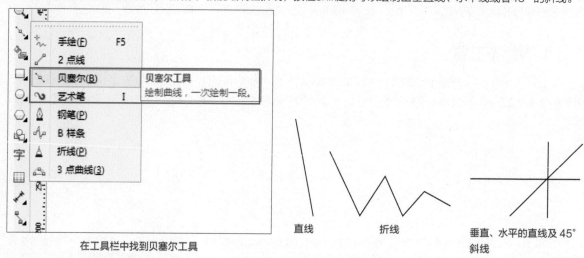

在工具栏中找到贝塞尔工具　　　　直线　　　折线　　　垂直、水平的直线及45°斜线

选中贝塞尔工具，用鼠标在页面上选择一点单击并拖曳，在节点两边就会出现一条蓝色的控制虚线，再选择另外一点单击并拖曳，就可以绘制出一条弧线。

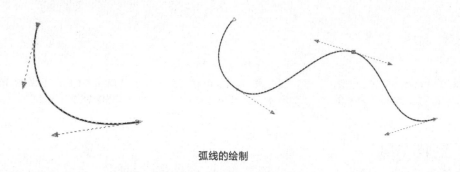

弧线的绘制

> **● 注意**
>
> 在利用贝塞尔工具时，节点两边的控制虚线尽量不要出现下列情况，否则会引起线条不圆滑或者不顺畅。

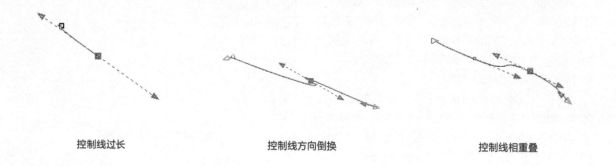

控制线过长　　　　　　　控制线方向倒换　　　　　　控制线相重叠

1.3.4 矩形工具

矩形是绘制服装款式时最常用的图形之一，通过矩形工具可以快速绘制出各种矩形。选中矩形工具，用鼠标在页面上拖曳就可以绘制出各种大小、宽窄的矩形。按住Ctrl键，可以以边为起点绘制出正方形；同时按住Ctrl键和Shift键，可以以中心点为起点绘制出正方形。

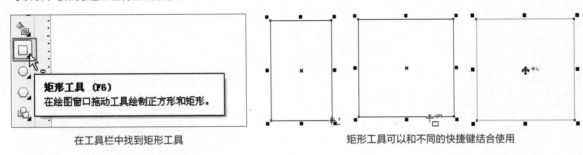

在工具栏中找到矩形工具　　　　　　　　　　矩形工具可以和不同的快捷键结合使用

（1）用挑选工具改变矩形的角

用挑选工具单击选中矩形，在属性栏上输入数值就可以修改矩形的角，有圆角、扇形角和倒形角等选项可供选择。输入的数值越大，角度就也越大。

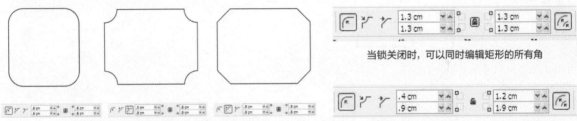

当锁关闭时，可以同时编辑矩形的所有角

普通矩形的角可以修改为圆角、扇形角和倒形角　　　当锁打开时，可以编辑矩形的任意一个角

（2）将矩形转换成其他形状

需要随意修改、变换矩形时，就必须要先将矩形转换为曲线。有两种方法：选中矩形后单击右键，然后执行"转化为曲线"命令；或者选中矩形，在属性栏上单击"转换为曲线"图标。

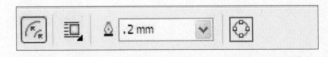

选中矩形后，单击属性栏上"转换为曲线"图标，也能将矩形转换为曲线

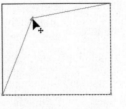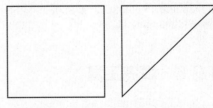

单击右键打开下拉菜单，执行"转换为曲线"命令　　将矩形转换为曲线后，再利用形状工具，选中矩形的任意一点，就可以任意改变矩形的形状　　将矩形转换为曲线后，再利用形状工具对准矩形的一个节点，双击鼠标左键删除该节点，就能快速得到一个三角形

1.3.5 椭圆形工具

椭圆形也是绘制服装款式时最常用的图形之一，椭圆形工具的操作步骤和矩形工具相同。选中椭圆形工具后，用鼠标在页面上拖曳就可以绘制出各种椭圆形。按住Ctrl键可以以边为起点绘制出圆形；同时按住Ctrl键和Shift键，可以以中心点为起点绘制出圆形。

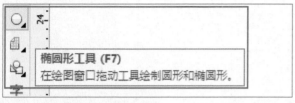

椭圆形工具 (F7)
在绘图窗口拖动工具绘制圆形和椭圆形。

在工具栏中找到椭圆形工具

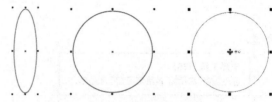

椭圆形工具可以和不同的快捷键结合使用

（1）用挑选工具改变椭圆形

用挑选工具单击选中椭圆形，在属性栏上就可以选择椭圆形、饼形或者弧。

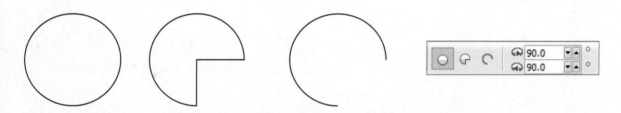

通过属性栏上的按钮，椭圆形工具可以绘制出椭圆形、饼形和弧

（2）将椭圆形转换成其他形状

需要随意修改、变换椭圆形时，必须先将椭圆形转换为曲线。方法和将矩形转换为曲线一样：选中椭圆形后单击右键，执行"转化为曲线"命令；或者选中椭圆形，在属性栏上单击"转换为曲线"的图标。

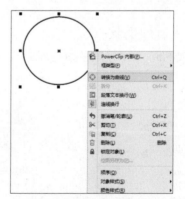

再使用形状工具，选中椭圆形的任意一个节点，就可以任意改变椭圆形的形状

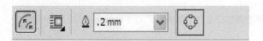

选中椭圆形后，单击属性栏上"转换为曲线"图标，能将椭圆形转换为曲线

单击右键打开下拉菜单，执行"转换为曲线"命令，也能将椭圆形转换为曲线

1.3.6 填充工具

填充工具是CorelDraw在服装设计中常用的工具之一，使用填充工具可以在对象中添加各种类型的填充，包括渐变填充、图样填充、底纹填充、postscrip填充、无填充和彩色填充等，这里主要介绍彩色填充和渐变填充。

（1）彩色填充

如果想要在特定的区域中填充颜色，首先要选中闭合图形，再利用鼠标单击调色盘的颜色就可以将所需的颜色填充到闭合路径中。按鼠标左键是填充对象的内部颜色（注：操作对象一定要闭合才能填充内部色彩），按鼠标右键是填充对象的外轮廓线或者其他线条颜色。

闭合图形

内部填充（左键
单击调色板）

轮廓填充（右键单
击调色板）

线条颜色填充（右键单击调色板）

调色板通常
位于工作页
面的最右侧，
可以通过执
行"窗口＞
调色板"命
令打开，一
般选择"默
认 RGB 调
色板"或"默
认 CMYK
调色板"。单
击调色板上
方的扩展按
钮，调色板
也可以成为
一个单独的
浮动面板

此外，选择填充工具，长按鼠标左键打开隐藏工具组，选择"彩色"，就能弹出颜色
泊坞窗，选择所需的颜色后可以单击"填充"按钮或者"轮廓"按钮进行填充。

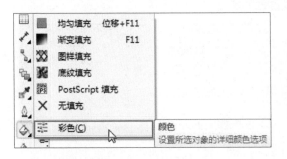

选择"彩色"，
就能弹出颜色
泊坞窗

（2）渐变填充

渐变填充是填充工具中主要的工具之一。选中一个闭合的图形，再选择渐变填充工具，就能弹出渐变填充对话框，
在对话框中设置好填充的参数，单击确定按钮就可以进行渐变填充。渐变填充的类型有四种，分别是线性填充、辐射填
充、圆锥填充和正方形填充。颜色调和有双色和自定义两种。

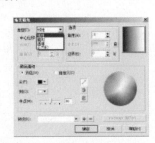

选择渐变填充工具后，就能弹出渐变填充对话框

类型：线性
颜色调和：双色

类型：辐射
颜色调和：双色

类型：圆锥
颜色调和：双色

类型：正方形
颜色调和：双色

类型：线性
颜色调和：自定义

类型：辐射
颜色调和：自定义

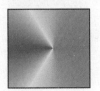

类型：圆锥
颜色调和：自定义

类型：正方形
颜色调和：自定义

1.3.7　交互式填充工具和透明度工具

　　想要获得渐变效果，也可以使用交互式填充工具。先选中一个闭合的图形，再选择交互式填充工具，然后用鼠标在闭合的图形中拖曳就可以绘制出渐变效果，并且可以手动调整渐变的方向和随意改变颜色（见step01），同时对准渐变轴用鼠标双击，可以自定义地增加自己想要的颜色（见step02，注意：选中的节点是双框架，然后单击调色板上的一点，就可以填充上自己想要的颜色；同时，对准渐变轴双击就可以增加一个节点，对准节点双击，就能删除掉节点）。

　　透明度工具与渐变工具的类型相同，但使用透明度工具时，闭合选区要先填充了颜色之后才能显现出效果，并且绘制出的图形可以透出底色（渐变工具就看不到底色），其他的操作方法两者一样，从step03和step04可以看出使用透明度工具形成的透明渐变效果和使用渐变工具形成的不透明渐变效果的区别。

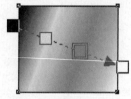
step01 拖曳出渐变轴

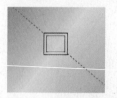
step02 双击后增加颜色

step03 透明渐变效果

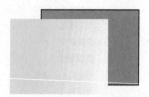
step04 不透明渐变效果

1.3.8　调和工具

　　调和工具是将两个对象经过调和，平滑地组合在一起。学会使用调和工具会在CorelDRAW中给服装设计带来意想不到的效果，在绘制设计图稿的时候有如虎添翼的感觉。

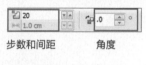
步数和间距　　　　　角度

方式：线性、顺时钟、逆时钟

路径属性

step 01　设置好两个对象

step 02　单击其中一个对象，按住鼠标左键不动拖动到另外一个对象

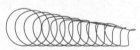
step 03　修改起始对象或者结尾对象，就可以改变调和结果

step 04　绘制出路径

step 05　单击属性栏上的"路径属性"图标，执行"新路径"命令，将出现的黑色箭头指向绘制好的路径，使调和效果按照路径进行调和

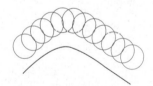
step 06　单击右键打开快捷菜单，执行"拆分路径"命令，就可以将调和结果与路径相分离

1.3.9　变形工具

　　变形工具是通过拖动鼠标的方式对对象进行调整变形，分别有推拉变形、拉链变形和扭曲变形三种方式。

在工具栏上选择了变形工具后，可以在属性栏上进行变形方式的选择和参数调整

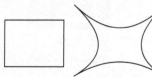

矩形　　　　推拉变形　　　　拉链变形　　　拉链变形（随机变形）　　　拉链变形（平滑变形）　　　拉链变形（局限变形）　　　扭曲变形

1.4　服装设计中 CorelDRAW的常用操作

　　本小节所介绍的是在使用CorelDRAW进行服装设计和表现时经常使用的基本操作，这些操作以图形或路径为对象，与快捷键或快捷菜单相配合使用，达到快速编辑对象的目的。这些操作能够极大地提高工作效率，因此应该熟练掌握与应用。

1.4.1　复制/粘贴对象

　　选中对象，然后执行"编辑>复制""编辑>粘贴"命令，就可以复制出一个完全相同的对象，也可以使用快捷键Ctrl+C（复制）和Ctrl+V（粘贴），这与其他软件里的复制/粘贴快捷键功能一样。

　　在CorelDRAW中，还可以利用挑选工具选中对象，按住鼠标左键将对象拖曳到所需位置，然后单击右键再松开鼠标左键，就可以完成对象的复制。

　　另一个快速复制的方法是，先用挑选工具选择对象，按住鼠标右键将对象拖曳到所需位置，然后松开右键，就会弹出对话框，选择"复制"，就可以复制出另一个图形。

  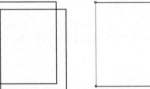 

执行"编辑 > 复制""编辑 > 粘贴"命令，会在原图形上复制出一个图形。图形看上去似乎没有变化，但实际上是两个图形重叠在一起，用挑选工具进行拖曳，就能看出变化

快捷复制方法一：按住左键拖曳对象，再单击右键（按下右键时，鼠标的图标会变为 + 号），然后松开右键，再松开左键，就可以完成对象的复制

快捷复制方法二：按住右键拖曳对象，松开右键后在弹出的对话框中选择"复制"

1.4.2　镜像复制对象

　　选中对象，鼠标放在对象所在一边的中间控制点上，当鼠标变形后按住Ctrl键向另一边（反方向）拖动，当另一边出现对象的虚影时，就可以将对象进行镜像翻转。如果要将对象进行镜像复制，重复前面的操作，再单击下右键，就可以镜像复制一个对象。注意：选中对象时会出现九个控制点，选择侧边的控制点向另一边拖动就可以了，如果在按下右键前松开Ctrl键，对象就会变形。

　　还可以通过属性栏上的"镜像"按钮来完成对象的镜像复制。操作步骤为在使用挑选工具选中对象后，复制对象，再单击属性栏上的"水平镜像"按钮或"垂直镜像"按钮即可。此外，还可以通过"变换"泊坞窗中的"缩放和镜像"功能，来完成对象的镜像复制。

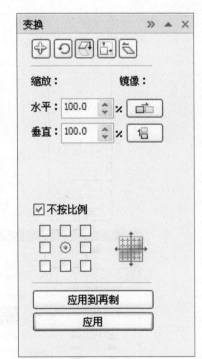

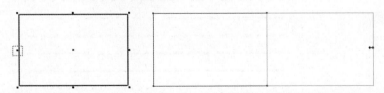

选中对象时会出现九个控制点，选择红色框内的控制点向另一边拖动，再单击鼠标右键，就可以镜像复制对象

在属性栏上可以找到"水平镜像"和"垂直镜像"的按钮

在变换泊坞窗中的"缩放和镜像"功能中选择镜像的方向，然后再单击"应用到再制"按钮，就能镜像复制对象

1.4.3　群组对象

群组 就是把多个对象组合成一个整体来统一控制，被组合后的对象还保持原始属性。需对多个对象同时进行相同的操作时，群组后再进行操作会方便很多。选中两个以上的对象，执行"排列>群组"命令（快捷键Ctrl+G），就可以把对象群组在一起。如果需要取消群组 ，执行"排列>取消群组"命令（快捷键Ctrl+U），则还原为多个对象。

群组命令和合并命令（快捷键Ctrl+L） 在效果上有些相似，但是两者的结果完全不同。群组是把两个或多个对象组合成一个整体来进行统一操作，每个对象还是独立的个体。而合并是把两个或多个对象变成一个新的对象。合并形成的对象，可以通过执行"排列>打散"命令（快捷键Ctrl+K）来取消合并。

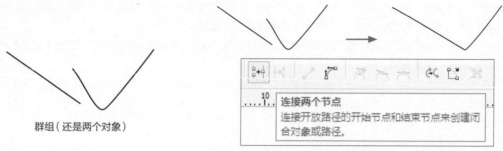

群组（还是两个对象）

连接两个节点
连接开放路径的开始节点和结束节点来创建闭合对象或路径。

合并（两条路径合并后可以通过"连接两个节点"按钮变为一条路径）

1.4.4　虚线的绘制

牛仔服、休闲服和运动服等的领口、袖口、下摆或袋口等，都会大量使用明线。在服装设计中，在工艺中起到装饰作用或加固作用的明线通常用虚线来表示。明线不代表服装结构，只是缝缀线，因此线条要比结构线弱一些。在使用CorelDraw绘制虚线时，先要绘制出路径，然后再在属性栏上选择"轮廓样式"，或是选择轮廓笔工具，通过弹出轮廓笔对话框来设置虚线的样式。此外，在属性栏的"轮廓粗细"里，可以调整虚线的粗细。

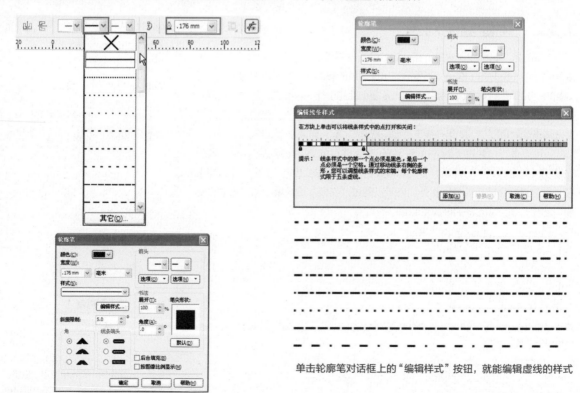

单击轮廓笔对话框上的"编辑样式"按钮，就能编辑虚线的样式

通过属性栏上的"轮廓样式"或轮廓笔工具来选择虚线的样式

1.4.5 图框精确剪裁

图框精确剪裁（执行"效果>图框精确剪裁"命令）是把对象放进指定图框内部的操作。图框之内的对象被显示，反之，图框之外的部分将被隐藏。而图框精确裁剪功能是CorelDRAW在服装设计中常用的操作之一，如填充面料、素材等，就需要使用此功能。熟练掌握此功能，可以弥补造型功能带来的不足，使设计和后期的修改更方便和快捷。

step 01 绘制出一个闭合的图形

step 02 导入图片

step 03 执行"效果>图框精确剪裁>放置在容器中"命令

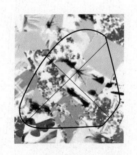

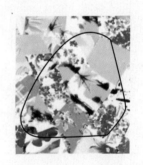

step04 当鼠标的指示变为箭头之后，单击图框的边线，就可以将素材对象置于图框内部

step05 如果想撤销操作，选择对象，执行"效果>图框精确剪裁>提取内容"命令（注意：如果是CorelDRAW X6，提取内容后图形内部会出现×的图像，选中对象后，单击右键，执行"框类型>无"命令，即可消除）

step 06 撤销完成后的效果

执行"相交"命令（在后面会详细介绍），能够达到与执行"图框精确剪裁"命令相似的效果，这两种操作虽然最后的结果看起来是一样的，但又有不同点。

利用相交功能时（执行"排列>造型>相交"命令），两个对象必须要相重叠才能操作，并且重叠的时候要注意对象的前后顺序才能进行，反之将无法操作成功；利用图框精确裁剪（执行"效果>图框精确剪裁"命令），两个对象不需要重叠也可以进行操作。利用相交功能时，两个对象中不重叠的部分会被破坏；而利用图框精确裁剪时，素材对象不会被破坏，还可以进一步进行编辑。

1.5 服装设计中 CorelDRAW的常用面板

一些面板对我们编辑图形也非常有用，这些面板可以在窗口菜单中找到。

1.5.1 造形面板

在用CorelDraw X6进行服装设计的过程中，造形面板是相当重要的一个面板，也是一个难点。应该说当你熟练掌握了造形面板，那么整本书中的案例就会变得很简单，你的操作速度也会变得更快。对于初学者来说，看着案例示范感觉很简单，但是当自己操作时，总是弄错，所以初学者一定要好好学习本章节。执行"窗口>泊坞窗>造形"命令（或者执行"排列>造形"命令），打开造形面板。造形面板有七项功能，分别是焊接、修剪、相交、简化、移除后面对象、移除前面对象和边界。在这七项功能中，我们只要掌握前三项功能（焊接、修剪、相交），就已经能够满足我们在服装设计中的操作需求了。

（1）焊接

焊接能够将两个对象结合在一起，目标对象的颜色和轮廓与源对象一致。

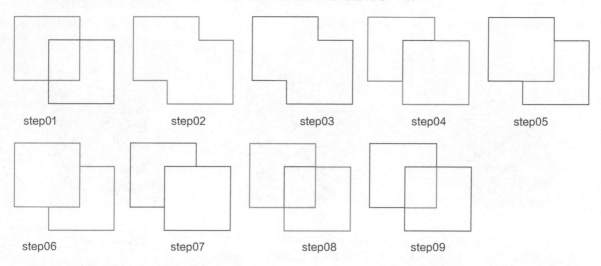

step01 step02 step03 step04 step05

step06 step07 step08 step09

step 01 利用用矩形工具拖曳绘制出两个矩形形状。

step 02 执行"窗口>泊坞窗>造形"命令，打开造形面板（或者执行"排列>造形"命令也可以打开造形面板），选用step01的红色图形作为源对象，绿色图形作为目标对象，执行"焊接"命令（不勾选"保留原始源对象"和"保留原目标对象"），得出所示图形。

step 03 反之，选用step01的绿色图形作为源对象，红色图形作为目标对象，执行"焊接"命令（不勾选"保留原始源对象"和"保留原目标对象"），得出所示图形。

step 04 选用step01的红色图形作为源对象，绿色图形作为目标对象，执行"焊接"命令（勾选"保留原始源对象"，不勾选"保留原目标对象"），得出所示图形。

step 05 反之，选用step01的绿色图形作为源对象，红色图形作为目标对象，执行"焊接"命令（勾选"保留原始源对

象"，不勾选"保留原目标对象"），得出所示图形。

step06 选用step01的红色图形作为源对象，绿色图形作为目标对象，执行"焊接"命令（不勾选"保留原始源对象"，勾选"保留原目标对象"），得出所示图形。

step07 反之，选用step01的绿色图形作为源对象，红色图形作为目标对象，执行"焊接"命令（不勾选"保留原始源对象"，勾选"保留原目标对象"），得出所示图形。

step08 选用step01的红色图形作为源对象，绿色图形作为目标对象，执行"焊接"命令（同时勾选"保留原始源对象"和"保留原目标对象"），得出所示图形。

step09 反之，选用step01的绿色图形作为源对象，红色图形作为目标对象，执行"焊接"命令（同时勾选"保留原始源对象"和"保留原目标对象"），得出所示图形。

（2）修剪

修剪是用一个对象剪去另一个对象，在不勾选"保留原始源对象"和"保留原目标对象"的情况下，保留目标对象的颜色与轮廓。

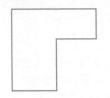 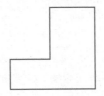 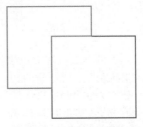 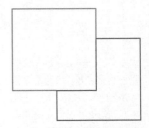

step 10 打开造形面板，选用step01的红色图形作为源对象，绿色图形作为目标对象，执行"修剪"命令（不勾选"保留原始源对象"和"保留原目标对象"），得出所示图形。

step 11 反之，选用step01中的绿色图形作为源对象，红色图形作为目标对象，执行"修剪"命令（不勾选"保留原始源对象"和"保留原目标对象"），得出所示图形。

step 12 选用step01的红色图形作为源对象，绿色图形作为目标对象，执行"修剪"命令（勾选"保留原始源对象"，不勾选"保留原目标对象"），得出所示图形。

step 13 反之，选用step01的绿色图形作为源对象，红色图形作为目标对象，执行"修剪"命令（勾选"保留原始源对象"，不勾选"保留原目标对象"），得出所示图形。

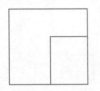 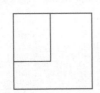 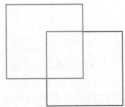 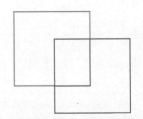

step 14 选用step01的红色图形作为源对象，绿色图形作为目标对象，执行"修剪"命令（不勾选"保留原始源对象"，勾选"保留原目标对象"），得出所示图形。

step 15 反之，选用step01的绿色图形作为源对象，红色图形作为目标对象，执行"修剪"命令（不勾选"保留原始源对象"，勾选"保留原目标对象"），得出所示图形。

step 16 选用step01的红色图形作为源对象，绿色图形作为目标对象，执行"修剪"命令（同时勾选"保留原始源对象"和"保留原目标对象"），得出所示图形。

step 17 反之，选用step01的绿色图形作为源对象，红色图形作为目标对象，执行"修剪"命令（同时勾选"保留原始源对象"和"保留原目标对象"），得出所示图形。

（3）相交

相交是两个对象（或多个对象）的公共区域形式一个新的图形。在不勾选"保留原始源对象"和"保留原目标对象"的情况下，保留目标对象的颜色与轮廓。

  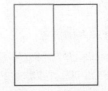 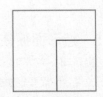

step 18 打开造形面板，选用step01的红色图形作为源对象，绿色图形作为目标对象，执行"相交"命令（不勾选"保留原始源对象"和"保留原目标对象"），得出所示图形。

step 19 反之，选用step01的绿色图形作为源对象，红色图形作为目标对象，执行"相交"命令（不勾选"保留原始源对象"和"保留原目标对象"），得出所示图形。

step 20 选用step01的红色图形作为源对象，绿色图形作为目标对象，执行"相交"命令（勾选"保留原始源对象"，不勾选"保留原目标对象"），得出所示图形。

step 21 反之，选用step01的绿色图形作为源对象，红色图形作为目标对象，执行"相交"命令（勾选"保留原始源对象"，不勾选"保留原目标对象"），得出所示图形。

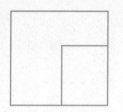 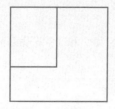 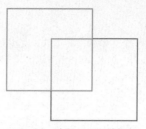 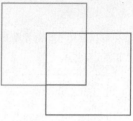

step 22 选用step01的红色图形作为源对象，绿色图形作为目标对象，执行"相交"命令（不勾选"保留原始源对象"，勾选"保留原目标对象"），得出所需图形。

step 23 反之，选用step01的绿色图形作为源对象，红色图形作为目标对象，执行"相交"命令（不勾选"保留原始源对象"，勾选"保留原目标对象"），得出所需图形。

step 24 选用step01的红色图形作为源对象，绿色图形作为目标对象，执行"相交"命令（同时勾选"保留原始源对象"和"保留原目标对象"），得出所需图形。

step 25 反之，选用step01的绿色图形作为源对象，红色图形作为目标对象，执行"相交"命令（同时勾选"保留原始源对象"和"保留原目标对象"），得出所需图形。

（4）造形面板使用的分析总结

当两个图形的设置（颜色和轮廓）不同时，通过造形面板进行操作后，新对象的颜色或轮廓变为目标对象的颜色或轮廓。

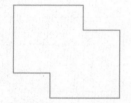 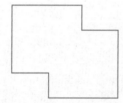

执行"焊接"命令时，无论选择哪个对象作为源对象或者目标对象，得出的图形外轮廓没有区别

 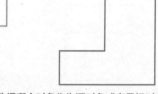

执行"修剪"命令时，无论选择哪个对象作为源对象或者目标对象，得出的图形外轮廓会发生变化，相重叠位置的图形被修剪掉。所以在操作的时候就要注意源对象的选择

执行"相交"命令时，无论选择哪个对象作为源对象或者目标对象，得出的图形外轮廓没有区别，相重叠位置的图形被保留

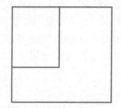 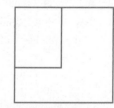

当执行"修剪"命令（不勾选"保留原始源对象"，勾选"保留原目标对象"）时，与执行"相交"命令（不勾选"保留原始源对象"，勾选"保留原目标对象"），得出的图形结果看起来是相同的，但实际是不同的，后面会进行详细介绍

（5）造形面板使用的重点与难点

在操作时，初学者经常不知道应该选择造形的那种功能来处理图形，其实只需要记住三个关键点。

1. 需要保留两个对象的外轮廓时，选择焊接功能。

2. 不需要重叠的部分，应该选择修剪功能。当执行"修剪"命令时，将需要保留外轮廓线的那个图形作为来源对象。

3. 需要相重叠的部分，选择相交功能。

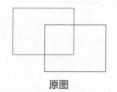  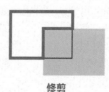 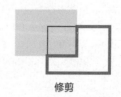 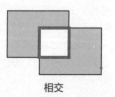

原图　　　　　　　焊接　　　　　　　修剪　　　　　　　修剪　　　　　　　相交

在使用造形面板的时候，有些地方容易出错的地方（就像前文所说，看着示范感觉很简单，但是自己操作时候总是会出错），都是什么原因呢？

1. 目标对象选错。尤其是当图形没有填上颜色，图形轮廓的颜色相同并且不止两个图形相重叠的时候，很难去判断图形的前后顺序。所以在执行造形面板上的功能时，就容易选错对象，导致操作结果有误。

解决的方法：把图形填上不同的颜色。

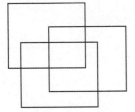

很难去判断图形的前后顺序

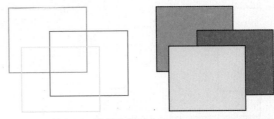

填色后，就很容易区分和判断图形的前后顺序了

2. 不知道操作命令是否被执行。同时勾选"保留原始源对象"和"保留原目标对象"，操作完成后所有的图形看起来没有变化，无法判断是否已经进行了操作。

解决的方法：在无法确定是否已经执行造形命令的情况下，用鼠标移动对象。如果有变化，那就是已经执行了操作命令，反之操作就没有执行。

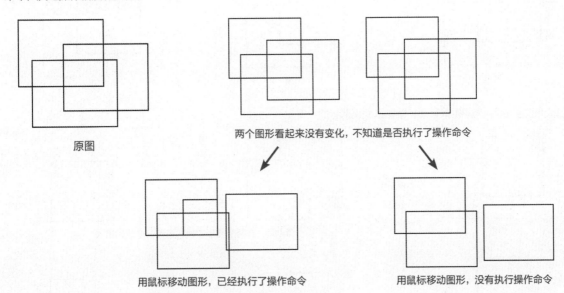

原图

两个图形看起来没有变化，不知道是否执行了操作命令

用鼠标移动图形，已经执行了操作命令

用鼠标移动图形，没有执行操作命令

3. 弄错命令。有时候，通过勾选"保留原始源对象"或"保留原目标对象"，在执行了不同的命令后，会呈现出相同的结果，但只有其中一种命令是正确的，怎样来进行判断呢？

（1）执行"修剪"命令（不勾选"保留原始源对象"，勾选"保留原目标对象"）与执行"相交"命令（不勾选"保留原始源对象"，勾选"保留原目标对象"），结果得出的图形看来是相同的。

原图

修剪

相交

解决的方法：把图形移动，就可以发现两者不同。

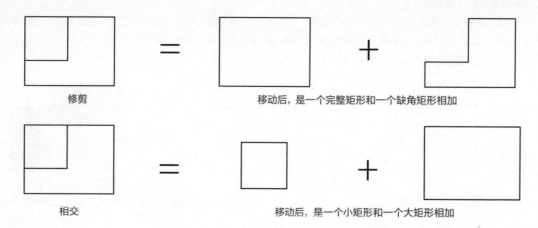

修剪 　　　＝　　　　　　　　移动后，是一个完整矩形和一个缺角矩形相加

相交 　　　＝　　　　　　　　移动后，是一个小矩形和一个大矩形相加

（2）执行"焊接"命令（勾选"保留原始源对象"，不勾选"保留原目标对象"）与执行"修剪"命令（勾选"保留原始源对象"，不勾选"保留原目标对象"），结果得出的图形看起来是相同的。

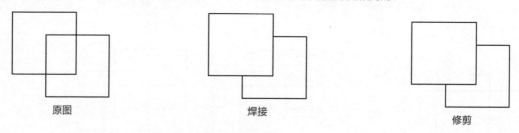

原图 　　　　　　　　焊接 　　　　　　　　修剪

解决的方法同样为把图形移动，就可以发现两者的不同。

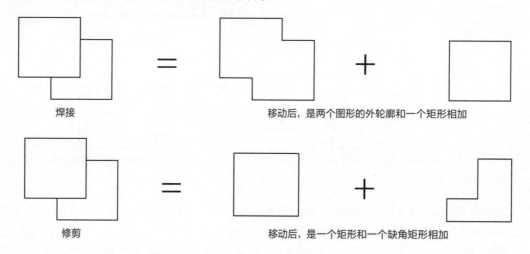

焊接 　　　＝　　　　　　　　移动后，是两个图形的外轮廓和一个矩形相加

修剪 　　　＝　　　　　　　　移动后，是一个矩形和一个缺角矩形相加

1.5.2　对齐与分布面板

在CorelDraw中，如果同时选中多个对象，在属性栏上就会弹出"对齐与分布"按钮，单击该按钮就能弹出对齐与分布面板（或执行"排列>对齐和分布"命令）。使用该面板，能够迅速将多个对象按照不同标准排列得整齐而有序。在表现服装款式时，往往一些小的部件需要使用该功能，如纽扣、口袋等。

在属性栏上可以找到"对齐与分布"按钮

排列无序的图形　　　　　　　"左对齐"后的排列状态　　　　　　　"左对齐"后并且"居中分布"的排列状态

1.5.3　变换面板

变换面板是为了CorelDraw在服装设计时，进行标准化制图的一个面板，能有效提高工作速度。

执行"排列>变换"命令（或执行"窗口>泊坞窗>变换"命令），打开变换面板。变换面板有五项功能，分别是位置、旋转、缩放和镜像、大小以及倾斜。前面我们提过Ctrl+D键，实际上就是操作变换的快捷键。选中图形，移动复制一个该图形，然后按Ctrl+D就可以快速复制，得出与"变换"命令相同的图形。

常用的还有"位置"功能，执行"排列>变换>位置"命令，弹出位置面板。选择需要移动的图形，通过在x坐标或y坐标中输入数值，单击应用按钮，就可以根据自己需要的数值移动对象。

例如：选中图形，在位置面板的x坐标和y坐标的位置上分别输入5mm，再单击应用按钮（不需要勾选相对位置，副本设置为0），图形就会快速移动到页面你所需的位置上。当勾选了"相对位置"，图形就会以现有的位置作为起始点而进行的移动。相对位置下面有九个正方形标示出的位置，例如用鼠标勾选右中，在x坐标输入5mm，y坐标输入0mm，单击应用按钮，图形就相对于现有的位置水平向右移动5mm；如果用鼠标勾选中下，在x坐标里面输入0mm，y坐标输入5mm，单击应用命令，图形就相对于现有的位置垂直向下移动5mm。当在副本中输入1时，图形就相对于你的设置自动复制一个图形，当输入10时，图形就会按照你输入的每个图形间的距离复制10个图形（注：x和y的值指的是距离，副本的值指的是数量）。

在应用"旋转"功能时，先选中对象，执行"排列>变换>旋转"命令，弹出旋转面板。选择需要变换的图形，在旋转角度里输入数值，单击应用按钮，就可以按照自己需要的数值旋转对象。

通过执行"排列 > 变换"或者"窗口 > 泊钨窗 > 变换"命令，都能打开变换面板

执行"变换 > 位置"命令（或者选择 Ctrl+D 快捷键），可以快速复制多个对象

执行"变换 > 旋转"命令（勾选"相对中心"，选择中心点坐标）得到的图形

执行"变换 > 旋转"命令（勾选"相对中心"，选择右下坐标）得到的图形

执行"变换 > 旋转"命令（不勾选"相对中心"，将图形的中点移出图形之外）得到的图形

Chapter 02 服装设计表现的基础知识

在学习用CorelDRAW设计和表现服装之前，我们需要先了解服装设计的一些基础知识，这样学习起来目标会更加明确，在绘图的时候才能做到有的放矢。

2.1 服装设计的步骤

服装设计看似单纯，但其涉及的领域包含美学、文学、艺术、历史、哲学、宗教、心理学、生理学以及人体工学等社会科学和自然科学。作为一门综合性的艺术，服装设计既需要设计师具备丰富的想象力，又需要设计师有科学的逻辑思维。掌握一定的设计流程规律，能够帮助设计师有效地展开工作，提高工作效率。

2.1.1 寻找灵感来源

灵感来源是设计创新的一个重要过程，是每位成功设计师进行创作必不可少的环节。同一设计师不同的设计作品，其灵感来源是不同的；而不同的设计师，采用同一灵感来源，设计出的作品也可能完全不同。在我们的周围，灵感无处不在。一次旅行，一个熟悉的人，一个特殊的地方，一次难忘的经历，对某种事物的感情，来自大自然中的造型、肌理、色彩，来自其他姊妹艺术的启发，甚至可能是一种味道、声音等，都可能激发设计师的创作热情。设计师需要保持高度的敏感状态，不停吸收这个世界的各种微妙的暗示，然后进行分析，提取与设计任务相关联的灵感，将它巧妙地和设计师的设计理念与设计任务融合在一起，才能创造出新作品，满足消费者不断改变的品位。下面介绍一些设计师经常获得灵感来源的途径。

（1）自然界

大自然千姿百态，为设计师采集设计资料提供了多姿多彩、绚丽缤纷的灵感资源。你可以通过探寻鸟类或昆虫翅膀的肌理来获取灵感；你可以发现树干、鳄鱼的表皮图案来获取灵感；你可以通过热带雨林、高山流水的壮美景观来获取灵感；你还可以通过自然界中不同物种的形态和姿态来获取灵感。有时我们提取这些元素，按照一定的设计方法将其放大、缩小、强调或变形，转化用于服装中，就可以设计出一件优秀的作品。

自然风光

（2）姊妹艺术

艺术是相通的，例如绘画、舞蹈、音乐、电影、雕塑、建筑等，它们之间有着内在的联系，存在着共性，它们虽然形成了不同的艺术风格特征，但都是对美的追求。不同的艺术形式又有不同的表达方式，服装设计作为众多艺术形式中的一种，虽然有其独特的表现形式，但又要吸取其他艺术形式的长处，从而有助于设计师更好地诠释设计理念，提高艺术修养和设计创新能力，丰富想象力，进一步激发设计师的艺术灵感。例如，中国著名服装设计师郭培曾在个人作品中成功地将青花瓷的图案、肌理、色彩、瓶子的外部造型等元素融入到服装设计中，为服装设计领域增添了新的设计形象；又如三宅一生的作品——pleatsp lease（我要褶皱），选择舞蹈作为灵感来源，旨在表现一种追求美、向往自由的着装态度，褶皱也成为三宅一生品牌的标志性特征。

设计师郭培作品

（3）旅行

艺术源于生活，高于生活，又反哺生活，作为一位设计师，很重要的一点是要不断地以敏锐的眼光去探寻和发现周围的世界，而旅行可以零距离接触生活，可以充实一个人思想，开阔一个人的视野。一些大型服装公司在新季产品开发之前有时会把设计团队送到国外去采风，搜集古董、面料小样，用相机或绘画的形式记录和感受异国的风土人情。现在很多服装专业院校也会组织学生采风，如去西南少数民族聚居区发掘民族、民间传统艺术，如苗族的苗年节、三月三歌节和傣族的泼水节等，在这种盛大的节日场合能看到少数民族盛装的华丽服饰，如精美的刺绣、蜡染，精致的服装廓形，独特的结构和工艺以及富有特色的配饰装饰形式。有的院校则选择到高速发展的现代化都市，如上海，去体会科技与设计给城市带来的变化。在旅行中的所见所闻，都可以转化为现代时装设计的信息资料，能让时尚的地域风情融入我们的生活，赋予时装全新的生命力。

27

少数民族风土人情

（4）街头和青年文化

时尚的传播是阶梯式的，最初是按照社会阶层从上流社会传播到街头大众阶层。然而到了现当代，起源于街头的时尚又反过来影响着服装设计的潮流文化。时尚不再是最初高高在上、自上而下的追逐，也没有了高级时尚和街头时尚的贵贱之分，街头成为新的时尚舞台。设计师们纷纷走向街头，用眼睛慢慢发现代表一个城市的野性魅力，如街头青年松垮、张扬的个性，涂鸦等街头艺术以及当代建筑所折射出的城市独有的面貌等，这些光怪陆离的街头文化成为时装设计大师们灵感产生的源泉。

2.1.2　绘制设计草图

绘制设计草图是将设计者的抽象思维、理念、计划转化成具象图形的徒手绘画的形式。设计师在设计的前期阶段构思还不够清晰，或者只有一个大致的方向，包含了许多变化的可能性，因此绘制设计草图是设计过程中非常重要的步骤，它使设计者的思维更加灵活，创意灵感层出不穷，通过不断推敲、深入，设计作品也会越来越完善。绘制设计草图也是设计者搜集设计素材很好的方式，设计师应该走在时尚的前沿，拥有敏锐的时尚嗅觉。出门旅行、上班途中或逛街时，设计者可以把观察到的喜欢的元素及瞬间迸发的灵感快速记录下来，日后随时翻看，随时分析，日积月累，头脑中的灵感、设计元素、廓形、细节等积累得越来越丰富，用不了多久，相信会从这些草图中收获到越来越棒的设计成果。

2.1.3　绘制款式图

服装款式图是对服装效果图的进一步的明确表达。它是一种只绘制服装不绘制人体的制图，需要清晰表现出服装平展的原型，而不需要表现服装因人体活动所产生的透视效果。绘制服装款式图要求比例准确、结构清晰、画面规整和线条明确，使服装打板师和工艺师都能一目了然。服装款式图在服装企业的产品生产过程中起着非常重要的作用，因为打板师和样衣师是按图打板，如果款式图不能非常准确、清晰地表达款式和工艺（如服装的袖形、领形、省道、分割线、口袋的位置、拉链、纽扣颗数和线迹宽窄等），打板师就无法理解设计师的设计理念和工艺细节，最终会影响到后期的大货生产，还会提高成本。所以熟练掌握款式图的绘制是每个设计师必须具备的技能。

　　款式图的绘制方法有两种——手绘和电脑绘制，手绘与电脑绘制的手段不同但目的相同。随着近几年计算机技术的发展和时尚行业的快速更新，电脑绘图因便于复制、数据准确、保存方便、操作简单等特点，被越来越广泛地应用。而设计师熟练掌握电脑绘图软件，便可以充分发挥其效率高的优势，从而能更迅捷地绘制服装款式图。但作为一位优秀的设计师，除了能熟练使用电脑绘图软件外，同时还应该具备手绘能力，手绘是电脑绘制的基础，手绘的过程是激发设计师灵感、快速表达设计师的思路和理念的过程。

手绘的服装款式图

2.1.4　成衣制作

　　成衣制作是通过高超的工艺技术将服装设计从二维平面图形转化为三维实物的过程，它强调动手能力和制作技能。前期的服装款式设计是成衣制作的先导，服装结构制图是对服装款式造型设计的重新诠释和发展，成为后期成衣制作的重要依据。

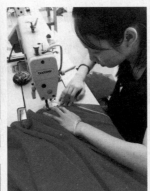

从制图到成衣制作

2.2 服装整体配色技巧

色彩在服装设计中占据着重要的位置，因为人们在观察服装时最先映入眼帘的是色彩，其次才会注意到服装的外部廓形及内部结构造型，最后才是服装的面料和加工工艺。合理的色彩搭配，可以在一定程度上强调甚至改变服装的风格；色彩搭配不当则会使着装者显得俗不可耐，其个人风格和魅力都不能很好地表现出来。所以在设计时，设计师应该了解色彩的基本物理性能及其对生理和心理产生的影响。还要注意和讲究色彩搭配技巧，保持对色彩的敏感度，擅长从自然界、姊妹艺术和生活用品中汲取色彩灵感，同时要结合设计形式和服装廓形，将色彩更好地运用到现代时装设计中，让时装更具有生命活力。

2.2.1 配色的基本规律

色彩千差万别，色彩的组合也变化繁多，这给我们在搭配色彩时增加了极大的难度，如何去衡量色彩搭配是否合适？怎样选择适合的色彩进行搭配？下面我们将介绍一些配色的基本规律。这些规律虽然不是绝对的，但在很大程度上能够帮助我们研究和理解色彩，进而将其合理地应用于服装设计。

（1）色相配色

色相指的是色彩的相貌，例如红色、蓝色、绿色等。而色相配色法是服装设计中常用的一种色彩搭配方法，主要是利用色彩在色相环中所处的位置来进行归类搭配，并且色相使用越多，就越需要利用色彩调和原理，来达到色彩搭配的对立性和统一性。

● 同种色配色

在色相环中处在0°范畴的色彩叫同种色。利用同种色配色时，不管怎样搭配，服装整体都会显得很协调。但是同种色的弊端是太过于协调，如果在配色时采用单一的同种色，服装整体效果就出现沉闷或者呆板的感觉，甚至让人觉得死气沉沉。所以在采用同种色搭配的时候，为了避免搭配过于协调，有时会故意在服装中加入小面积的对比色或者明度对比较大的无彩色作为点缀，起到提亮或者提鲜的作用。例如整体服装是同种色搭配，可以通过服饰的配件进行对比处理，使得整体搭配生动和有趣。

同种色的配色范例

● **邻近色配色**

　　邻近色是指在色相环中相差一个色相，相差角度在0°~22.5°之间的色彩，如大红和朱红、土黄和明黄、橙红和橘以及青紫和浅紫等都属于邻近色。邻近色配色是服装设计师利用最多的一种配色方法，这种方法比较保守，较少出现差错，搭配出来的服装整体色彩会协调统一，但不会出现视觉冲击力较大的色彩印象。

邻近色的配色范例

● **类似色配色**

　　类似色是指在色相环中相差两个色相，相差角度在45°之间的所有色彩，如紫色和红色、橙色和红色等都属于类似色。类似色的色彩搭配和邻近色的色彩搭配方法基本相同，但类似色相互搭配时要注意明度和纯度的变化以及色彩面积的对比关系。

类似色的配色范例

● 中差色配色

中差色是指在色相环中相差三至五个色相，相差角度在65°~120°之间的所有色彩，如青紫和大红，群青和大红，青黄和红色等。和类似色、邻近色配色相比，由于色彩在色相环中的距离加大，色相差异性也逐渐加大，对比开始增强。中差色的色彩搭配就不如同类色、邻近色和类似色那么好控制了。在利用中差色搭配时要注意色彩搭配面积的大小，同时也要注意色相的主次，尽量选择一种色相为主，其他色相为辅。

中差色的配色范例

● 对照色配色

对照色包含各种对比色和互补色，这种配色方式产生的视觉效果强烈、刺激。对照色配色比中差色配色更难控制，经常会出现服装整体效果变花，或者配色效果很土的感觉。但对照色搭配得协调，整个系列就很鲜明，视觉冲击力强。所以在利用对照色搭配的时候，除了像中差色那样要控制色彩的主次关系外，同时还要注意色彩的纯度和明度，使纯度和明度在同一个度数内进行搭配。

对照色的配色范例

（2）明度配色

　　明度配色就是通过色彩的明亮变化来控制色彩搭配，是现代服装设计配色的重要方法。不同的色相，有不同的明度变化；同一明度，由于服装材料的不同，所呈现出的明度值也不同。所以我们要充分的利用色彩明度的变化规律，使搭配的服装呈现出立体化的感觉并具有一定视线牵引的移动韵律效果。例如，欧普艺术风格的服装，就是利用图案的明度变化使服装更具视幻效果。

明度配色范例

（3）纯度配色

　　纯度指的是色彩的鲜艳程度。不同纯度的色彩搭配在一起能产生不同的视觉感受，例如：高纯度配色是刺激感最强的一种搭配形式，比较适合用在运动装设计中，来传达运动的激情，表现运动的活力；低纯度配色则是非常沉稳、冷静的一种搭配形式，因此常用在职业装的开发或公务员的制服设计之中，来迎合穿着者的身份和工作环境。

纯度配色范例

2.2.2　女装设计配色要点

　　服装色彩设计是女装设计的重要组成部分，也是充分体现现代女性个性的重要方式，色彩甚至可以说是女装设计的灵魂。成功的色彩搭配，使穿着者显得时尚优雅、端庄大方，能给人留下深刻的印象。作为一名设计师，不仅要了解色彩的物理性能，还要了解女性的生理、心理等方面对色彩的需求，设计出不同消费层次女性需要的服装，以满足现代女性消费者的追求。

（1）女装色彩设计中的面积对比装饰

　　女装色彩设计中要特别注意色块面积的对比关系，如果某一色彩面积占比较小，色彩的力量不够，就不会让人感觉到该色彩的主导地位。例如，墨绿色占大面积，暗红色和驼色占小面积，此时墨绿色占据主导作用，这样的色彩搭配形式会使主色调明确同时又不会单调乏味。相反，如果绿色和红色同时占很大面积，对比效果会太过突兀，整体比例失调，影响穿着形象。因此色彩面积比例关系是否和谐，在很大程度上能决定女装色彩搭配成功与否。

女装中小面积点缀色的使用

（2）女装色彩设计中的无彩色和有彩色

　　在女装中，无彩色搭配是永不过时的一种搭配形式，既可以表现出经典的时尚感，又可以表现出独特的个性，营造出一种清爽、朴素、安静和高品位之美。而有彩色搭配变化就更为丰富。女装的色彩并非不同色调相组合这么简单，关键是把握住女装的不同风格特征，因为不同的色相具有不同感情，传递出的视觉心理效应也不同。如，红色代表热情、喜庆，故常用在婚礼服、晚礼服中，展现女性热情、性感和华丽的一面；紫色是神秘、性感的象征，用紫色丝绸、丝绒面料做成的裙装，让女性更为性感。每种色彩都有其内在的魅力，根据不同的场合、环境，选择不同的无彩色和有彩色搭配是现代女装设计的关键。

女装中无彩色和有彩色的搭配

2.2.3 男装设计配色要点

受传统观念影响，男性一直被认为是成熟、稳重、理智的代名词。为了衬托男性的社会形象，早期流行的男装多以黑白灰无彩色调，或低明度、低纯度等色调为主，在搭配形式上也比较单调、统一，鲜亮色调只少量地出现在休闲装和运动装设计中。但近几年受西方时装潮流和女装设计的影响，男装色彩设计越来越多地融入了一些鲜艳色调，塑造出一种新时代潮男的形象。

（1）统一性色彩搭配

统一性色彩搭配是男装色彩设计中最常用到的一种配色方法，主要出现在职业装和礼服设计中。特别是职业套装中多采用黑色、藏蓝色、深灰色等暗色调来衬托职场男性稳重、睿智、严肃的形象。男性礼服也多以黑色来体现男士的绅士风度，白色也经常出现在男性礼服的设计开发之中。例如，男子着白色婚礼服会使男性散发出一种文质彬彬、风度翩翩的气质。

男装中的统一性色彩搭配

35

（2）鲜艳色调搭配

随着近几年男装市场细分，款式风格越来越多样化，鲜艳色调除了用在男性运动装、休闲装中，也越来越多地出现在其他类型的男装中。特别是近几年对比色、有彩色和无彩色的撞色搭配甚是流行，多种色彩穿插设计使服装运动感十足，增加了男性的青春气息和玩世不恭的气质。多彩鲜亮色搭配时要注意控制好主色调，避免整体搭配过于花哨俗气。

男装中的鲜艳色调搭配

2.2.4　运动装设计配色要点

运动装的色彩设计重点是强调对色彩的视觉体验，以暖色，高纯度、高明度的色彩搭配居多。另外，除了鲜艳的色调外，也会选择一些无彩色和中性色相搭配，如跆拳道服、击剑服、赛马服等。

（1）鲜亮色调

由高明度、高纯度的色彩组合而成的鲜亮色调会带来强烈而明快的视觉印象，是辨识度非常高的色彩组合。

● 高纯度配色

高纯度的对比色、互补色、邻近色的搭配和拼接是运动装设计中最具代表性的色彩组合形式，这种色彩组合也最能表现出运动的活力特征，能够形成一种强烈的色彩节奏感，展现出充满速度、活力、激情、力量的意象，非常适合运用在充满刺激、竞争的运动项目服设计当中。足球、橄榄球、赛车服、滑雪、滑冰、篮球等项目服的设计多是采用这种色彩搭配方式。

运动装的高纯度配色

● 高明度配色

　　高明度的色彩搭配是运动装设计中又一代表性的色彩搭配形式，这种色彩搭配给人一种爽快、干净、轻松的感觉，如粉色、淡黄色、淡绿和白色相搭配来增强爽快、自由的感觉。这种色彩搭配和高纯度的色彩搭配相比更具有柔和感和韵律感。因此成为现代运动装设计中常用到的色彩组织形式。

运动装的高明度配色

（2）以白色为主的浅色调

　　运动服装设计中除了鲜亮色调外，以白色为主的浅色调也经常出现在比赛现场，如击剑服、跆拳道服和网球服等。浅色调的运动服不但给人一种轻巧、飘逸的感觉，而且有利于展现运动员的动作身姿。

运动装以白色为主的浅色调搭配

（3）以黑色为主的暗色调

以黑色为主的暗色调色彩虽然不是运动服设计中经常出现的经典色彩搭配，但是有些特定运动项目的服装会大量使用黑色，如赛马服和花样游泳服。以花样游泳服为例，这项运动是在水下进行比赛的，所以服装一般都会选择较暗的色彩，能够使裁判更为清楚地分辨每个比赛选手的速度。

运动装以黑色为主的暗色调搭配

2.2.5　童装设计配色要点

童装色彩设计要考虑两个因素：一是流行色和区域市场的因素，二是童装色彩与不同时期儿童的生理特征和心理的关系。

（1）婴儿期

婴儿期是0~1岁，这个阶段的童装色彩要舒适，尽量选择明度高一些的颜色，因为这个阶段的孩子眼睛还未发育成熟，太过鲜艳的颜色会影响孩子的视觉神经的发育。以白色为主，粉红、粉蓝等淡雅色系比较适合该阶段的孩子。

婴儿期的服装配色以高明度的色彩为主

（2）幼儿期

　　幼儿期是1~3岁，孩子们开始认识外部世界，对醒目的色彩、图案和形体特别关注，所以这个年龄段的童装在色彩设计上，应该多加入一些鲜明的对比色或强烈的三原色。还可以使用动物、卡通人物、植物、数字、字母等图案做装饰，不仅给人一种活泼、可爱、明快的感觉，同时还可以提高孩子对形态、色彩的感知能力。

幼儿期的服装配色以鲜明的色彩为主

（3）小童期

　　小童期是4~6岁，这个阶段的童装色彩要活泼。这个时期是孩子接受新事物最快的年纪，是培养其对颜色的辨别与认知的最佳时期，而且孩子在这个年纪对服装的选择开始有了一定的审美意识和审美能力。在服装色彩设计中，鲜艳的橘红色、玫瑰红色等是小女孩的最爱，使小女孩显得天真又可爱。

小童期的服装配色以活泼鲜艳的色彩为主

（4）中童期

中童期是7~12岁，这个阶段的儿童开始上小学，有自我的想法，儿童之间也会互相交流，互相影响。这个阶段儿童在学校度过的时间比在家还多，主要是以穿校服为主。所以这个阶段的童装色彩适合简洁、统一，并以小面积高纯度或者高明度的花草或几何图案等进行点缀。

中童期的服装配色以简洁、统一的色彩为主

（5）大童期

大童期是13~16岁，孩子进入了青春期阶段，有了自己的偶像，可以独立思考，有的孩子会有叛逆期，家长给购买的衣服会因为不适合自己的爱好而不喜欢，所以这个阶段的童装色彩要单纯、清新。

大童期的服装配色以单纯、清新的色彩为主

2.2.6　礼服设计配色要点

　　女性礼服主要包括婚礼服、晚礼服、演艺礼服等，男性礼服则包括日礼服、夜礼服、晨礼服等。礼服设计除了在材料的运用上多种多样，变化丰富外，在色彩方面大多数选择高纯度的颜色，甚至选择高强度或者高长调的对比配色方法。

（1）女性礼服配色要点

　　西方婚礼服受宗教文化的影响，婚礼服均以象征神圣、真诚、高尚的白色为主，白色婚纱与白色耳环、白色项链、白色皮鞋、白色头饰以及手捧白色鲜花组合在一起，代表了纯真、圣洁的爱情。而在东方的传统观念里，很少人能接受白色作为婚礼服的色彩，而是选择代表着喜庆、红红火火的中国红作为婚礼服的主要颜色。与婚礼服相比，晚礼服、演艺礼服的色彩选择可谓丰富多彩，色彩和面料都大胆地融入了时尚的元素，几乎所有颜色都可以运用到现代礼服的设计中，暗色调营造出低调的神秘气息，亮色调礼服则可以营造出健康的性感气息，体现一种前卫又个性的美感。

女性礼服的色彩选择非常多样化

（2）男性礼服配色要点

　　在西方社会传统影响下，黑色、白色成为了男性礼服当中的标准色。尤其是黑色，在王室、宫廷、政府等国家级的典礼仪式（包括葬仪）或宴会上穿着的燕尾服、塔士多礼服等均为黑色；乐队指挥、音乐演奏家、独唱演员也常穿用黑色礼服。除了非常正式的场合，商界的洽谈会议、学者的学术交流活动等的日常礼服也多以黑色套装为主。黑色礼服成为现代男性礼服的经典标志。另外，白色在时尚界的地位也正如黑色一样，永不退出流行，也是男性礼服中经常出现的颜色，彰显出男性的绅士风度。

男性礼服的色彩以黑、白等无彩色为主

2.2.7 毛织服装设计配色要点

毛织服装保暖性能比较好，这类服装的销售通常受地域的影响比较大，当我国南方人们穿短袖的时候，北方人们还在穿着毛衣。同时，毛织服装的配色也会受季节的影响而变化较大，春夏季的毛织服装适合选择清新、明度比较高的色彩搭配，如淡蓝色、淡绿色和淡粉色等；秋冬季的毛织服装适合选择低明度和低纯度的色彩搭配，如暗红、暗绿和土黄等。所以在设计的时候，我们要根据地域和季节的变化来调整配色的方案。

毛织服装的配色受到地域和季节的影响

小结

在服装设计中没有好的色彩也没有坏的色彩，只有好的色彩搭配和坏的色彩组合。所以在进行服装设计时，要根据服装所在的场合，根据色彩搭配规律进行有效的搭配，才能设计出精彩的服装设计作品。

Chapter 03 服装局部的设计与表现

现代服装设计除了通过改变服装款式的面料和色彩来改变服装的外观，另一个主要的方法是通过改变服装的局部而改变服装的样式。服装的局部包括：领子、袖子、口袋、腰头等组成部件和纽扣、拉链等辅料。不同的局部具有不同的功能，服装的各局部与服装的主体构成了服装的完整造型。在进行设计时，要结合服装整体的造型与结构，选择和利用合适的局部进行搭配，才有可能呈现出服装的整体风格。

3.1 领子的设计与表现

领子是服装整体不可缺少的一部分，是服装款式变化的重要部位。领子的分类多种多样，有立领、驳领、圆领、V领等。有时候，领子甚至可以用来确定服装的风格，例如立领就是中国风服装的一个主要构成元素。

3.1.1 西装领的设计与表现

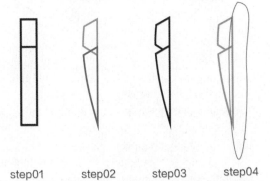

step01   step02   step03   step04

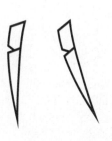 

step05   step06   step07

step 01　利用矩形工具绘制出矩形形状，然后转换为曲线。

step 02　利用形状工具增加节点，调整节点得到所需图形。

step 03　执行"窗口>泊坞窗>造形"命令，打开造形面板，选用step02的红色图形作为来源对象，蓝色图形作为目标对象，执行"修剪"命令（勾选"保留原始源对象"，不勾选"保留原目标对象"），得到所需图形，并将新图形群组。

step 04　利用贝塞尔工具绘制出红色图形。

step 05　选用step04的红色图形作为来源对象，蓝色图形作为目标对象，执行"修剪"命令（不勾选"保留原始源对象"和"保留原目标对象"），得到所需图形。

step 06　选中step05的全部图形，将其旋转到合适的角度。

step 07　选中step06的全部图形，按Ctrl键做镜像复制，并将复制的图形移动到合适的位置，然后取消全部群组。

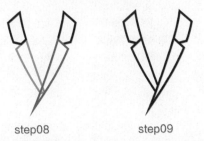

step08   step09

step10   step11

step 08　利用形状工具增加节点，调整节点得到所需图形（使用形状工具直接调整图形为step09也可以，但先大概调整形状再执行造形命令更方便和准确）。

step 09　选用step08的红色图形作为来源对象，蓝色图形作为目标对象，执行"修剪"命令（勾选"保留原始源对象"，不勾选"保留原目标对象"），得到所需图形。

step 10　利用贝塞尔工具绘制出蓝色图形和绿色线条。

step 11　将step10的两个红色图形群组，并将其作为来源对象，蓝色图形作为目标对象，执行"修剪"命令（勾选"保留原始源对象"，不勾选"保留原目标对象"），完成设计。

3.1.2　立领的设计与表现

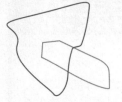
step01

step02
step03

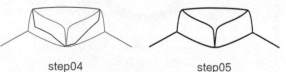
step04
step05

step 01　利用贝塞尔工具绘制出红色和蓝色图形。

step 02　选用step01的红色图形作为来源对象，蓝色图形作为目标对象，执行"修剪"命令（不勾选"保留原始源对象"和"保留原目标对象"），得到所需图形。

step 03　将step02的图形做镜像复制，得到所需图形。

step 04　利用贝塞尔工具绘制出红色和绿色线条。

step 05　将step04的两个蓝色图形群组并作为来源对象，红色图形作为目标对象，执行"修剪"命令（勾选"保留原始源对象"，不勾选"保留原目标对象"），完成设计。

3.1.3　圆领的设计与表现

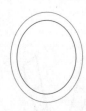
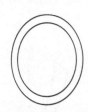

step 01　利用椭圆形工具拖曳绘制出两个椭圆形形状，将其上下居中、左右居中对齐。

step 02　选用step01的红色椭圆形作为来源对象，蓝色椭圆形作为目标对象，执行"修剪"命令（不勾选"保留原始源对象"和"保留目标对象），得到所需图形。

step 03　利用贝塞尔工具绘制出红色图形。

step 04　选用step03的红色图形作为来源对象，蓝色圆环作为目标对象，执行"修剪"命令（不勾选"保留原始源对象"和"保留原目标对象"），得到所需图形。

step 05　利用矩形工具，拖曳绘制出矩形形状，并将矩形转换为曲线

step 06　利用形状工具增加节点，调整得到所需图形，并将其群组。

step 07　选用step06的蓝色图形作为来源对象，红色作为目标对象，执行"修剪"命令（勾选"保留原始源对象"，不勾选"保留原目标对象"），得到所需图形。然后利用矩形工具拖曳绘制出矩形形状。

step 08　选用step07的蓝色矩形作为来源对象，红色图形作为目标对象，执行"修剪"命令（不勾选"保留原始源对象"和"保留原目标对象"），得到所需图形。

step 09　全选step08，按Ctrl键做镜像复制，并取消全部群组，得到所需图形。

step 10　选用step09的红色图形作为来源对象，蓝色图形作为目标对象，执行"焊接"命令（不勾选"保留原始源对象"和"保留原目标对象"），用同样的方法处理前领口，再利用贝塞尔工具绘制出肩线，完成设计。

3.1.4 V领的设计与表现

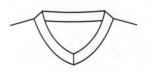

| step01 | step02 | step03 | step04 |

step 01　利用贝塞尔工具绘制出红色、绿色和蓝色图形，再利用矩形工具拖曳出紫色矩形。

step 02　选用step01的绿色图形作为来源对象，蓝色图形作为目标对象，执行"修剪"命令（不勾选"保留原始源对象"和"保留原目标对象"）；接着选用修剪后的蓝色图形作为来源对象，红色图形作为目标对象，再次执行"修剪"命令（勾选"保留原始源对象"，不勾选"保留原目标对象"）；再选用紫色矩形作为来源对象，将蓝色和红色图形群组后作为目标对象，执行

"修剪"命令（不勾选"保留原始源对象"和"保留原目标对象"），得到所需图形，并取消全部群组。

step 03　选中step02的全部图形，按Ctrl键做镜像复制，再利用贝塞尔工具绘制出绿色肩线，得到所需图形。

step 04　选用step03的蓝色图形作为来源对象，红色图形作为目标对象，执行"焊接"命令（不勾选"保留原始源对象"和"保留原目标对象"），完成设计。

3.1.5 衬衣领的设计与表现

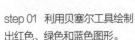

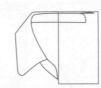

step 01　利用贝塞尔工具绘制出红色、绿色和蓝色图形。

step 02　选用step01的红色图形作为来源对象，将蓝色和绿色图形群组后作为目标对象，执行"修剪"命令（勾选"保留原始源对象"，不勾选"保留原目标对象"），得到所需图形。

step 03　利用矩形工具拖曳出蓝色矩形。

step 04　选用step03的蓝色矩形作为来源对象，将红色图形群组后作为目标对象，执行"修剪"命令（不勾选"保留原始源对象"和"保留原目标对象"），得到所需图形。

step 05　选中step04的全部图形，按Ctrl键做镜像复制，得到所需图形。

step 06　选用step05的蓝色图形作为来源对象，红色图形作为目标对象，执行"焊接"命令（不勾选"保留原始源对象"和"保留原目标对象"）；再选用step05的黄色图形作为来源对象，绿色图形作为目标对象，执行"焊接"命令（不勾选"保留原始源对象"和"保留原目标对象"）。

step 07　利用形状工具对绘制的图形进行细节调整，再利用贝塞尔工具绘制出门襟，得到所需图形。

step 08　利用贝塞尔工具绘制出领子和门襟上的虚线，用椭圆形工具绘制出纽扣，完成设计。

3.2 口袋的设计与表现

　　服装口袋在过去大多都具有实用性功能，一般是袋口朝上，开口适合手的大小，用来放置物品。随着服装设计的发展，口袋也具有了装饰性作用，在一些服装上也会看到袋口45°倾斜，甚至朝下的设计。

3.2.1 方贴袋的设计与表现

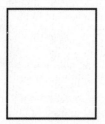   

step 01　利用矩形工具拖曳绘制出矩形形状。

step 02　按住Shift键进行复制，然后将两个矩形都转换为曲线。

step 03　利用形状工具选中内侧矩形上的节点，单击属性栏上的"断开曲线"按钮，然后对节点进行调整，并选择所需的虚线样式。

step 04　利用贝塞尔工具绘制出袋口的虚线，完成方贴袋的设计。

3.2.2 圆贴袋的设计与表现

 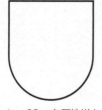  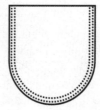 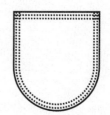

step 01　利用矩形工具拖曳绘制出矩形形状。

step 02　在属性栏上调整矩形的圆角半径的设置，得到所需图形。

step 03　按住Shift键对图形进行复制，然后将所有的图形都转换为曲线。

step 04　利用形状工具将内侧两个图形袋口处的路径断开并删除，然后选择所需的虚线样式。

step 05　利用贝塞尔工具绘制出袋口处的虚线，完成设计。

3.2.3 斜插袋的设计与表现

 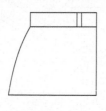 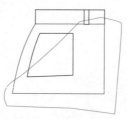 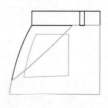 

step 01　利用矩形工具拖曳绘制出矩形形状，然后选中红色矩形，单击右键打开快捷菜单，执行"转换为曲线"命令。

step 02　利用形状工具对矩形进行调整，得到所需图形。

step 03　利用贝塞尔工具绘制出蓝色图形。

step 04　选用step03的红色图形作为来源对象，蓝色图形作为目标对象，执行"相交"命令（勾选"保留原始源对象"，不勾选"保留原目标对象"），得到所需图形。

step 05　选用step04的蓝色图形作为来源对象，绿色图形作为目标对象，执行"修剪"命令（勾选"保留原始源对象"，不勾选"保留原目标对象"），得到所需图形。

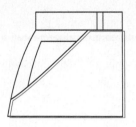 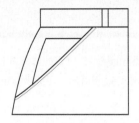 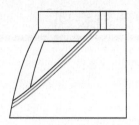 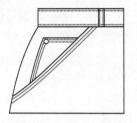

step 06 复制step05的红色图形。

step 07 利用形状工具将step06的红色图形断开路径，只保留袋口的线条，并选择所需的虚线样式。

step 08 复制step07的红色虚线，利用形状工具进行调整，得到所需图形。

step 09 利用step06到step07的相同步骤，绘制出零钱袋和腰头的虚线，完成设计。

3.3 袖头的设计与表现

在服装中，袖子是除了衣身之外占服装比例最大的一部分，在服装款式中变化非常丰富，如灯笼袖、蝙蝠袖和荷叶袖等。不过，有一个千变万化但又容易被人忽视的细节，那就是袖头。注意袖头的细节变化，往往会使设计更耐人寻味。

3.3.1 平开衩袖头的设计与表现

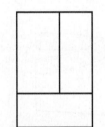 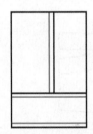 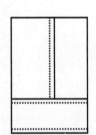 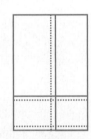 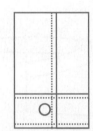

step 01 利用矩形工具拖曳绘制出矩形形状。

step 02 利用贝塞尔工具绘制出红色线条。

step 03 在属性栏上调整线条的样式，完成正面的设计。

step 04 复制step03的全部图形，利用选择工具进行调整，得到所需图形。

step 05 利用椭圆形工具拖曳绘制出椭圆形形状，作为纽扣，完成背面的设计。

3.3.2 宝剑头袖头的设计与表现

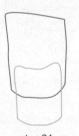 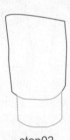 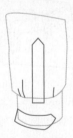 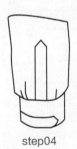 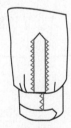 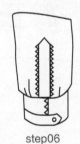

step01　　　step02　　　step03　　　step04　　　step05　　　step06

step 01 利用贝塞尔工具绘制出红色图形和蓝色图形。

step 02 选用step01的红色图形作为来源对象，蓝色图形作为目标对象，执行"修剪"命令（勾选"保留原始源对象"，不勾选"保留原目标对象"），得到所需图形。

step 03 利用贝塞尔工具绘制出红色图形和线条，并执行"排列>群组"命令。

step 04 选用step03的红色图形作为来源对象，蓝色图形作为目标对象，执行"相交"命令（不勾选"保留原始源对象"，勾选"保留原目标对象"），得到所需图形。

step 05 利用贝塞尔工具和变形工具绘制出红色线条。

step 06 利用椭圆形工具拖曳绘制出椭圆形形状作为纽扣，完成设计。

3.4 腰头的设计与表现

裤头或裙头可以统称为腰头，一般处在人体的腰部，附加五个或者六个裤耳组成。由于腰头所处的位置是人体的中心点，所以有时也会进行艺术化的处理，让腰头不仅起着固定裤子或者裙子的作用，更成为服装的一个装饰性亮点。

3.4.1 正面腰头的设计与表现

step 01　利用矩形工具拖曳绘制出矩形，选中矩形然后单击右键打开快捷菜单，执行"转换为曲线"命令。

step 02　利用形状工具进行调整，得到所需图形。

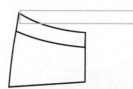

step 03　选用step02的红色图形作为来源对象，蓝色图形作为目标对象，执行"修剪"命令（勾选"保留原始源对象"，不勾选"保留原目标对象"），然后利用矩形工具拖曳出蓝色矩形。

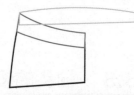

step 04　利用形状工具对step03的蓝色矩形进行调整，得到所需图形。

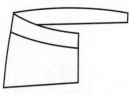

step 05　选用step04的红色图形作为来源对象，蓝色图形作为目标对象，执行"修剪"命令（勾选"保留原始源对象"，不勾选"保留原目标对象"），得到所需图形。

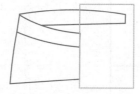

step 06　利用矩形工具拖曳出蓝色矩形。

step 07　选用step06的蓝色矩形作为来源对象，红色图形作为目标对象，执行"修剪"命令（不勾选"保留原始源对象"和"保留原目标对象"），得到所需图形。

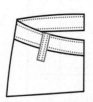

step 08　利用矩形工具绘制出红色矩形，旋转到合适的角度，作为裤耳；利用贝赛尔工具绘制出红色线条，并选择合适的虚线样式。

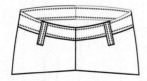

step 09　全选step08，按Ctrl键做镜像复制，将复制的图形移动到合适的位置，得到所需图形。

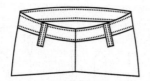

step 10　选用step09的蓝色图形作为来源对象，红色图形作为目标对象，执行"焊接"命令（不勾选"保留原始源对象"和"保留原目标对象"），得到所需图形。

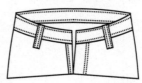

step 11　利用形状工具调整中线处的图形，再利用贝塞尔工具绘制出裤子的搭门。

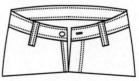

step 12　利用矩形工具拖曳绘制出扣眼，再利用椭圆形工具拖曳绘制出椭圆形纽扣，完成设计。

3.4.2　背面腰头的设计与表现

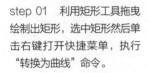
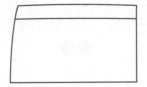
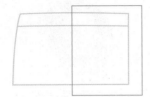

step 01　利用矩形工具拖曳绘制出矩形，选中矩形然后单击右键打开快捷菜单，执行"转换为曲线"命令。

step 02　利用形状工具进行调整，并执行"排列>群组"命令，得到所需图形。

step 03　利用矩形工具拖曳出红色矩形。

step 04　选用step03的红色矩形作为来源对象，蓝色图形作为目标对象，执行"修剪"命令（不勾选"保留原始源对象"和"保留原目标对象"），得到所需图形。

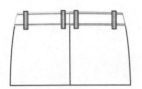
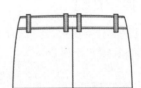
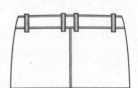

step 05　利用矩形工具拖曳绘制出红色矩形，作为裤耳；再利用贝塞尔工具绘制出蓝色虚线，得到所需图形。

step 06　全选step05，按Ctrl键做镜像复制，得到所需图形，并执行"排列>取消群组"命令。

step 07　选用step06的红色图形作为来源对象，蓝色图形作为目标对象，执行"焊接"命令（不勾选"保留原始源对象"和"保留原目标对象"），得到所需图形。

step 08　利用贝塞尔工具绘制出虚线，完成设计。

3.5　服装辅料的设计与表现

　　服装的辅料往往起到功能性的作用，如闭合服装等，但现代服装设计师在利用其功能性的同时，也赋予了辅料装饰性的作用。尤其是将一些平面设计的语言应用在服装上，如将纽扣当作"点"来设计，将拉链作为"线"来设计，和服装的"面"形成对比，从而使视觉语言更加丰富。

3.5.1　纽扣的设计与表现

　　纽扣最初的功能主要是用来连接衣服的门襟，而随着发展，纽扣越来越多地被当作装饰品来使用，材料也丰富多彩，有石头纽扣、贝壳纽扣和塑料纽扣等。

（1）平面四孔纽扣的设计与表现

step 01　利用椭圆形工具拖曳绘制出椭圆形形状。

step 02　利用椭圆形工具拖曳绘制出一个小椭圆，再复制出其他三个，然后执行"排列>对齐与分布"命令，得到所需得的图形。

step 03　将step02的图形群组，然后放到step01的图形上面，执行"排列>对齐与分布"命令，完成设计。

同时选中多个对象后，在属性栏上单击"对齐与分布"按钮，也能打开"对齐与分布"面板

49

（2）立体两孔纽扣的设计与表现

step 01 利用椭圆形工具拖曳绘制出一大一小两个椭圆形形状，并将其上下居中、左右居中对齐。

step 02 利用交互式渐变工具进行填充，并将其群组，得到所需的图形。

step 03 利用椭圆形工具绘制出两个椭圆形形状，填上颜色，执行"排列>对齐与分布"命令，并将其群组，得到所需得的图形。

step 04 将step03的图形放到step02的图形上面，执行"排列>对齐与分布"命令，完成设计。

3.5.2 拉链的设计与表现

拉链在多应用在夹克类服装和运动类服装上，和纽扣一样也是用来连接衣服的门襟。现今的服装拉链精巧美观，五颜六色，材料也从传统的金属演变为塑料或合成材料。

（1）咬合齿拉链的设计与表现

step 01 利用贝塞尔工具绘制出直线。

step 02 在属性栏上的"线条样式"里选择所需的虚线样式。

step 03 复制step02的虚线，然后适当调整第二条虚线的位置，得到所需的图形。

step 04 利用贝塞尔工具绘制出两条直线，将其分别放置到step03绘制的虚线两侧，完成设计。

（2）波纹齿拉链的设计与表现

step 01 利用贝塞尔工具绘制出直线。

step 02 选择变形工具，在属性栏上选择"拉链变形"，输入合适的数值，再单击"平滑变形"按钮，得到所需的图形。

step 03 利用贝塞尔工具绘制出两条直线，将其分别放置到step02绘制的波线两侧，完成设计。

Chapter  女装的设计与表现

　　女性是服装购买的主力军，女装的款式、色彩、面料等的变化比男装丰富，变化速度更快。这就要求在设计女装款式时，要及时了解当今的时尚动态和潮流的变化，了解女性不同年龄阶段的心理、生理和行为特征的变化，然后结合品牌定位进行设计。

　　本章展示的设计系列以华美的中世纪哥特式风格为方向，注重线条结构和廓形的变化。主体选用带有金属光泽的醋脂酸纤维面料和精美的复合蕾丝面料，在披风、下身及裙摆部分则运用轻薄飘逸的雪纺面料，几种面料的搭配凸显出服装的层次感。本章主要的绘图技巧是通过将矩形转变为所需的图形来实现的。

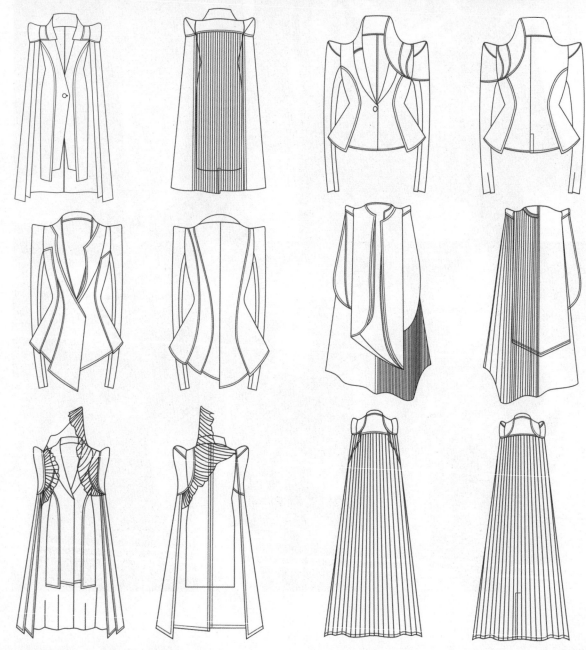

4.1　V领披肩上衣的设计与表现

4.1.1　V领披肩上衣的正面设计与表现

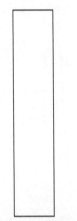    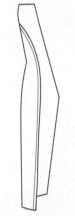

step 01　利用矩形工具拖曳绘制出矩形形状，然后转换为曲线。

step 02　利用形状工具增加节点，对矩形进行调节，得到所需图形。

step 03　利用贝塞尔工具绘制出红色图形。

step 04　执行"窗口>泊坞窗>造形"命令，打开造形面板，选用蓝色图形作为来源对象，红色图形作为目标对象，执行"相交"命令（勾选"保留原始源对象"，不勾选"保留原目标对象"），得到所需图形。

step 05　利用贝塞尔工具绘制出红色线条

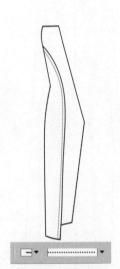 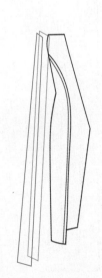 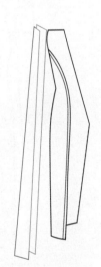 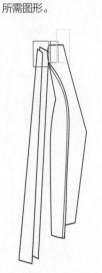 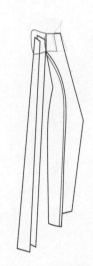

step 06　在属性栏上的"线条样式"里选择所需的虚线样式。

step 07　利用贝塞尔工具绘制出图中红色和蓝色的图形。

step 08　选用step07的红色图形作为来源对象，蓝色图形作为目标对象，执行"修剪"命令（勾选"保留原始源对象"，不勾选"保留原目标对象"），得到所需图形。

step 09　利用矩形工具拖曳绘制出三个矩形形状，然后将其都转换为曲线。

step 10　利用形状工具分别对上一步绘制的矩形进行调节，得到所需图形。

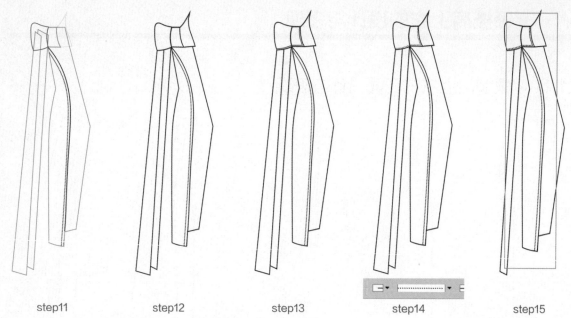

| step11 | step12 | step13 | step14 | step15 |

step 11 选用step10中的绿色图形作为来源对象，红色图形作为
目标对象，执行"修剪"命令（勾选"保留原始源对象"，不勾
选"保留原目标对象"）；选用step10中的黄色图形作为来源对
象，绿色图形作为目标对象，执行"修剪"命令（勾选"保留原
始源对象"，不勾选"保留原目标对象"），得到所需图形。

step 12 将step11中的红色图形和绿色图形进行群组，并将其
作为来源对象，蓝色图形作为目标对象，执行"修剪"命令（勾

选"保留原始源对象"，不勾选"保留原目标对象"），得到所
需图形。

step 13 利用贝塞尔工具绘制出线条。

step 14 在属性栏上的"线条样式"里选择所需的虚线样式，
得到所需图形。

step 15 利用矩形工具拖曳绘制出矩形形状，然后将其转换为
曲线。

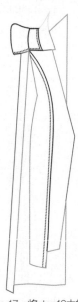

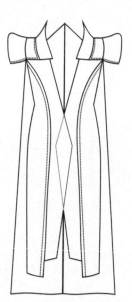

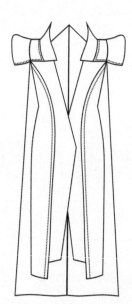

step 16 利用形状工具对矩
形进行调节，得到所需图形。

step 17 将step16中的红色图
形群组并作为来源对象，蓝色
图形作为目标对象，执行"修
剪"命令（勾选"保留原始源
对象"，不勾选"保留原目标
对象"），得到所需图形。

step 18 选中step17的全部
图形，按Ctrl键做镜像复制，
得到所需图形。

step 19 选用step18中的红
色图形作为来源对象，蓝色图
形作为目标对象，执行"修
剪"命令（勾选"保留原始源
对象"，不勾选"保留原目标
对象"），得到所需图形。

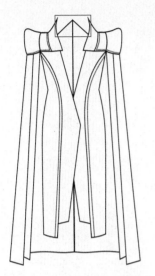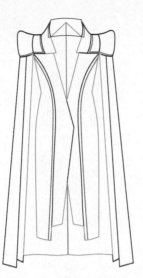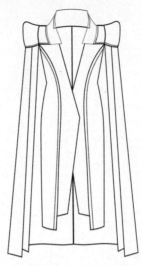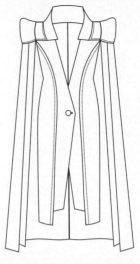

step 20 利用矩形工具拖曳绘制出矩形形状，然后转换为曲线。

step 21 利用形状工具对矩形进行调节，得到所需图形。

step 22 选用step21中的红色图形作为来源对象，蓝色图形作为目标对象，执行"修剪"命令（勾选"保留原始源对象"，不勾选"保留原目标对象"），得到所需图形。

step 23 将step22中的蓝色图形群组后作为来源对象，红色图形作为目标对象，执行"修剪"命令（勾选"保留原始源对象"，不勾选"保留原目标对象"），再用椭圆形工具绘制出圆形纽扣，完成正面的设计。

4.1.2 V领披肩上衣的背面设计与表现

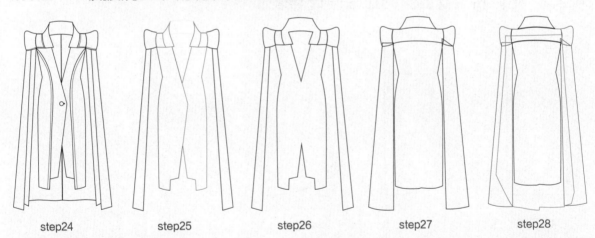

step24　　　　step25　　　　step26　　　　step27　　　　step28

step 24 复制step23的全部图形。

step 25 删除掉不必要的图形与线条（要保持服装外轮廓前后一致），做水平镜像翻转，得到所需的图形。

step 26 将step25中的蓝色图形作为来源对象，红色图形作为目标对象，执行"焊接"命令（不勾选"保留原始源对象"和

"保留原目标对象"）；再将step25中的绿色矩形作为来源对象，黄色图形作为目标对象，执行"焊接"命令（不勾选"保留原始源对象"和"保留原目标对象"），得到所需图形。

step 27 利用形状工具进行调整，得出所需的图形。

step 28 利用贝塞尔工具绘制出绿色图形。

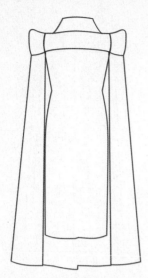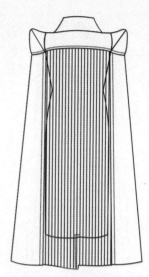

step 29 选用step28中的红色图形作为来源对象，绿色图形作为目标对象，执行"修剪"命令（勾选"保留原始源对象"，不勾选"保留原目标对象"），得到所需图形。

step 30 选择贝塞尔工具，按住Ctrl键绘制一条垂直线，再按住Ctrl键水平复制一条，接着按Ctrl+D进行复制，得到所需图形。

step 31 选用step30中的红色图形作为来源对象，将蓝色线条群组后作为目标对象，执行"相交"命令（勾选"保留原始源对象"，不勾选"保留原目标对象"），再利用贝塞尔工具绘制出蓝色线条。

step 32 利用贝塞尔工具绘制出虚线，完成背面的设计。

4.2 短款拼接女西服的设计与表现

4.2.1 短款拼接女西服的正面设计与表现

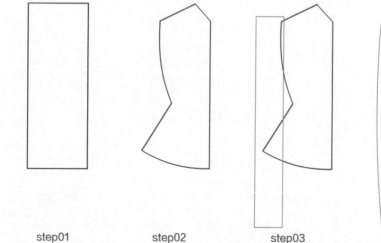

| step01 | step02 | step03 | step04 | step05 |

step 01 利用矩形工具拖曳绘制出矩形形状，然后转换为曲线。

step 02 利用形状工具对矩形进行调节，得到所需图形。

step 03 再次利用矩形工具拖曳绘制出矩形形状，也将其转换为曲线。

step 04 利用形状工具进行调节，得到所需图形。

step 05 执行"窗口>泊坞窗>造形"命令，打开造形面板，选择step04中的蓝色图形作为来源对象，红色图形作为目标对象，执行"修剪"命令（勾选"保留原始源对象"，不勾选"保留原目标对象"），得到所需图形。

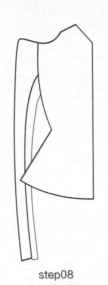
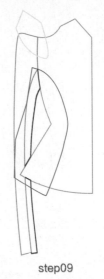
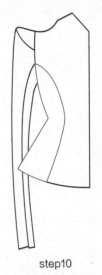

| step06 | step07 | step08 | step09 | step10 |

step 06　利用贝塞尔工具绘制出红色图形。

step 07　选用step06中的蓝色图形作为来源对象，红色图形作为目标对象，执行"相交"命令（勾选"保留原始源对象"，不勾选"保留原目标对象"），得到所需图形。

step 08　利用形状工具对step07的红色图形进行调节，得到所需图形。

step 09　利用贝塞尔工具绘制出红色和黄色图形。

step 10　选用step09中的蓝色图形为为来源对象，红色图形作为目标对象，执行"相交"命令（勾选"保留原始源对象"，不勾选"保留原目标对象"）；将step09中的绿色图形作为来源对象，黄色图形作为目标对象，执行"相交"命令（勾选"保留原始源对象"，不勾选"保留原目标对象"），得到所需图形。

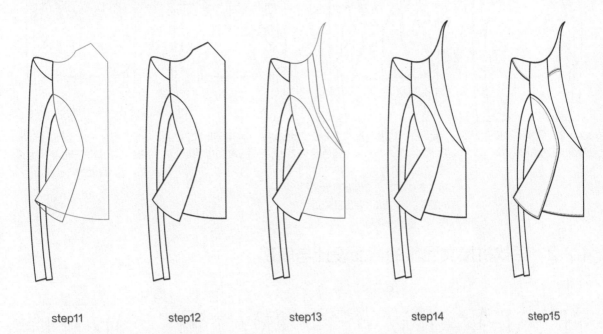

| step11 | step12 | step13 | step14 | step15 |

step 11　利用形状工具对step10的红色图形进行调节，得到所需图形。

step 12　选用step11中的红色图形作为来源对象，蓝色图形作为目标对象，执行"修剪"命令（将勾选"保留原始源对象"，不勾选"保留原目标对象"），得到所需图形。

step 13　利用贝塞尔工具绘制出领子，再利用形状工具增加

节点，调整红色图形，得到所需图形。

step 14　选用step13中的蓝色图形作为来源对象，红色图形作为目标对象，执行"修剪"命令（勾选"保留原始源对象"，不勾选"保留原目标对象"），得到所需图形。

step 15　利用贝塞尔工具绘制出线条，将领子分成两部分（红线），同时绘制出虚线（蓝线），得到所需图形。

step 16　选中step15的全部图形，执行"排列>群组"命令，再按住Ctrl键做镜像复制，得到所需图形。

step 17　选用step16中的红色图形作为来源对象，蓝色图形作为目标对象，执行"修剪"命令（勾选"保留原始源对象"，不勾选"保留原目标对象"）再执行"排列>取消全部群组"命令。

step 18　利用贝塞尔工具绘制出蓝色图形，并将红色图形群组。

step 19　选用step18中的红色图形作为来源对象，蓝色图形作为目标对象，执行"修剪"命令（勾选"保留原始源对象"，不勾选"保留原目标对象"），得到所需图形。

step 20　利用贝塞尔工具绘制出红色图形。

step 21　选用step20中的红色图形作为来源对象，蓝色图形作为目标对象，执行"修剪"命令（勾选"保留原始源对象"，不勾选"保留目标对象"），得到所需图形。

step 22　利用贝塞尔工具绘制出红色分割线和背中缝线。

step 23　利用椭圆形工具拖曳绘制出椭圆形形状作为纽扣，完成正面的设计。

4.2.2　短款拼接女西服的背面设计与表现

step24　　　　　　step25　　　　　　step26　　　　　　step27

step 24 复制step23的全部图形。

step 25 删除不必要的图形与线条（要保持服装外轮廓前后一致），做水平镜像翻转，得到所需的图形。

step 26 选用step25中的蓝色图形作为来源对象，红色图形

作为目标对象，执行"焊接"命令（不勾选"保留原始源对象"和"保留原目标对象"），得到所需图形。

step 27 利用贝塞尔工具把领子调整为所需的形状。

step 28 利用形状工具把step27中的蓝色图形调整为所需的形状。

step 29 选用step28中红色的图形作为来源对象，蓝色图形作为目标对象，执行"修剪"命令（勾选"保留原始源对象"，不勾选"保留原目标对象"），得到所需图形。

step 30 利用贝塞尔工具绘制出背中缝线和开衩，并利用形状工具调整衣服下摆开衩的形状，完成背面的设计。

4.3 长款不对称女西服的设计与表现

4.3.1 长款不对称女西服的正面设计与表现

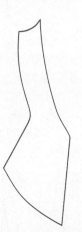

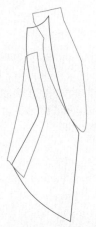

step 01 利用矩形工具拖曳绘制出矩形形状，然后转换为曲线。

step 02 利用形状工具对矩形进行调节，得到所需的图形。

step 03 利用贝塞尔工具绘制出蓝色图形，并将其群组。

step 04 执行"窗口>泊坞窗>造形"命令，打开造形面板，选用step03中的蓝色图形作为来源对象，红色图形作为目标对象，执行"相交"命令（不勾选"保留原始源对象"，勾选"保留原目标对象"），得到所需图形。

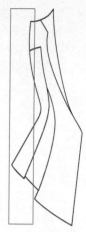

step05   step06   step07   step08

step 05 利用贝塞尔工具进行绘制，得到所需的图形。

step 06 将step05中的蓝色图形作为来源对象，红色图形作为目标对象，执行"修剪"命令（勾选"保留原始源对象"，不勾选"保留原目标对象"），得到所需图形。

step 07 利用形状工具对几个图形分别进行调整，得到所需图形。

step 08 利用矩形工具拖曳绘制出矩形形状，然后转换为曲线。

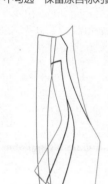

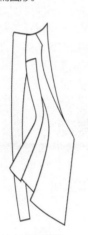

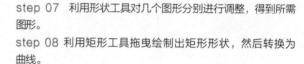

step09   step10   step11   step12

step 09 利用形状工具增加节点，对矩形进行调整，得到所需图形。

step 10 选用step09中的蓝色图形作为来源对象，红色图形作为目标对象，执行"修剪"命令（勾选"保留原始源对象"，不勾选"保留原目标对象"），得到所需图形。

step 11 利用贝塞尔工具绘制出蓝色图形。

step12 选用step11中的蓝色图形作为来源对象，红色图形作为目标对象，执行"相交"命令（不勾选"保留原始源对象"，勾选"保留原目标对象"），得到所需图形。

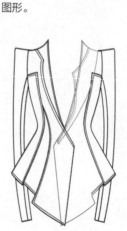

step13   step14   step15   step16

step 13　利用贝塞尔工具绘制出红色虚线。

step14　选中step13的全部图形，执行"排列>群组"命令，按住Ctrl键做镜像复制并将复制的图形移动到合适位置，删除不必要的图形与线条，得到所需图形。

step 15　利用贝塞尔工具绘制出蓝色图形。

step16　选用step15中的蓝色图形作为来源对象，红色图形作为目标对象，执行"修剪"命令（勾选"保留原始源对象"，不勾选"保留原目标对象"），得到所需图形。

step 17　利用形状工具对step16中的红色图形进行调整，得到所需图形。

step 18　选用step17中的蓝色图形作为来源对象，红色的图形作为目标对象，执行"修剪"命令（勾选"保留原始源对象"，不勾选"保留原目标对象"），得到所需图形。

step 19　利用贝塞尔工具绘制出后领，利用椭圆形工具绘制出圆形纽扣，完成正面的设计。

step 20　复制step19的全部图形。

4.3.2　长款不对称女西服的背面设计与表现

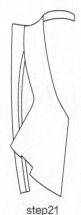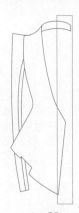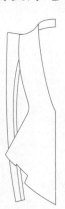

step21　　　　step22　　　　step23　　　　step24　　　　step25

step 21　删除不必要的图形与线条（要保持服装外轮廓前后一致），全部选中图形，执行"排列>群组"命令，得到所需的图形。

step 22　利用矩形工具拖曳绘制出矩形形状。

step 23　选用step22中的蓝色矩形作为来源对象，红色图形作为目标对象，执行"修剪"命令（不勾选"保留原始源对象"和"保留原目标对象"），得到所需图形。

step 24　选中全部图形，按住Ctrl键做镜像复制，得到所需图形。再执行"排列>取消群组"命令。

step 25　选用step24中的蓝色图形作为来源对象，红色图形作为目标对象，执行"焊接"命令（不勾选"保留原始源对象"和"保留原目标对象"），利用相同的方法操作后领口部分，得到所需图形。

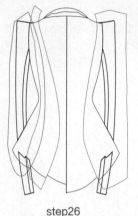

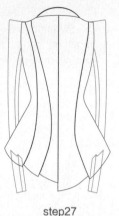

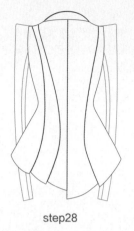

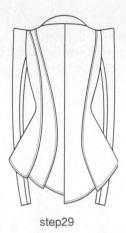

| step26 | step27 | step28 | step29 |

step 26　利用形状工具对红色图形进行调整，再利用贝塞尔工具绘制出蓝色、绿色、紫色和橙色图形。

step 27　选用step26中的绿色图形作为来源对象，蓝色图形作为目标对象，执行"修剪"命令（不勾选"保留原始源对象"和"保留原目标对象"）；再选用step26中的蓝色图形作为来源对象，红色图形作为目标对象，执行"相交"命令（不勾选"保留原始源对象"，勾选"保留原目标对象"）；然后选用step26中的橙色图形作为来源对象，红色图形作为目标对象，执行"相交"命令（不勾选"保留原始源对象"，

勾选"保留目标对象"）；最后选用step26中的紫色图形作为来源对象，红色图形作为目标对象，执行"修剪"命令（勾选"保留原始源对象"，不勾选"保留目标对象"），得到所需图形。

step 28　选step27中的红色图形作为来源对象，蓝色图形作为目标对象，执行"修剪"命令（勾选"保留原始源对象"，不勾选"保留原目标对象"），得到所需图形。

step 29　利用贝塞尔工具绘制出虚线，完成背面的设计。

4.4　不对称直身长上衣的设计与表现

4.4.1　不对称直身长上衣的正面设计与表现

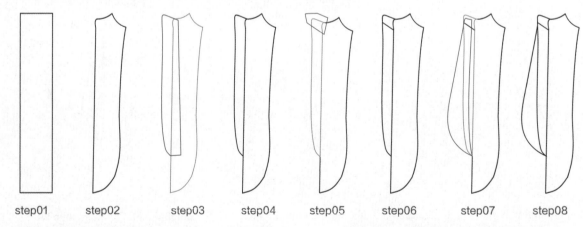

| step01 | step02 | step03 | step04 | step05 | step06 | step07 | step08 |

step 01　利用矩形工具拖曳绘制出矩形形状，然后将其转换为曲线。

step 02　利用形状工具对矩形进行调节，得到所需图形。

step 03　利用贝塞尔工具绘制出红色图形。

step 04　执行"窗口>泊坞窗>造形"命令，打开造形面板，选用step03中的蓝色图形作为来源对象，红色图形作为目标对象，执行"修剪"命令（勾选"保留原始源对象"，不勾选"保留原目标对象"），得到所需图形。

step 05　利用贝塞尔工具绘制出肩头的红色图形。

step 06　选用step05中的蓝色图形作为来源对象，红色图形作为目标对象，执行"相交"命令（勾选"保留原始源对象"，不勾选"保留原目标对象"），得到所需图形。

step 07　利用贝塞尔工具进行绘制，得到所需图形。

step 08　选用step07中的蓝色图形作为来源对象，红色图形作为目标对象，执行"修剪"命令（勾选"保留原始源对象"，不勾选"保留原目标对象"），得到所需图形。

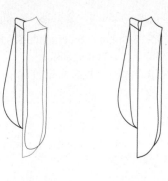

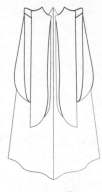

| step09 | step10 | step11 | step12 | step13 |

step 09 利用贝塞尔工具绘制出前门襟处的红色图形。

step 10 选用step09中的蓝色图形作为来源对象，红色图形作为目标对象，执行"修剪"命令（勾选"保留原始源对象"，不勾选"保留原目标对象"），得到所需图形。

step 11 利用贝塞尔工具进行绘制，得到所需的图形。

step 12 将step11中的蓝色图形群组并作为来源对象，红色图形作为目标对象，执行"修剪"命令（将勾选"保留原始源对象"，不勾选"保留原目标对象"），得到所需图形。

step 13 全选step12中的所有图形，按住Ctrl键做镜像复制，得到所需图形。

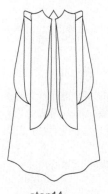

| step14 | step15 | step16 | step17 | step18 |

step 14 选用step13中的蓝色图形作为来源对象，红色图形作为目标对象，执行"焊接"命令（不勾选"保留原始源对象"和"保留原目标对象"），得到所需图形。

step 15 利用形状工具对图形进行调整，再利用贝塞尔工具绘制出绿色和蓝色图形。

step 16 选用step15中的蓝色图形作为来源对象，红色图形作为目标对象，执行"修剪"命令（勾选"保留原始源对象"，不勾选"保留原目标对象"）；再选用step15中的

蓝色图形作为来源对象，绿色图形作为目标对象，执行"修剪"命令（勾选"保留原始源对象"，不勾选"保留原目标对象"），得到所需图形。

step 17 利用贝塞尔工具绘制出红色图形。

step 18 选用step17中的蓝色图形作为来源对象，红色图形作为目标对象，执行"修剪"命令（勾选"保留原始源对象"，不勾选"保留原目标对象"），得到所需图形。

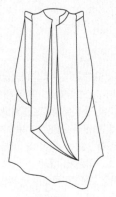
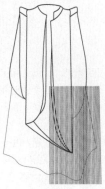

| step19 | step20 | step21 | step22 | step23 |

step 19 利用贝塞尔工具绘制出红色图形。

step 20 将step19中的蓝色图形群组后作为来源对象，红色图形作为目标对象，执行"修剪"命令（勾选"保留原始源对象"，不勾选"保留原目标对象"），得到所需图形。

step 21 利用贝塞尔工具，按住Ctrl键绘制出一条垂直线，再按住Ctrl键复制一条，接着按Ctrl+D进行复制，得到所需图形。

step 22 选用step21中的蓝色图形作为来源对象，红色图形作为目标对象，执行"相交"命令（勾选"保留原始源对象"，不勾选"保留原目标对象"），得到所需图形。

step 23 利用贝塞尔工具绘制出虚线，完成正面的设计。

4.4.2　不对称直身长上衣的背面设计与表现

step24

step25

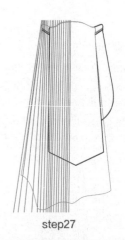
step26　　　　　step27

step 24 复制step23的全部图形。

step 25 将step24的图形做镜像翻转，删除不必要的图形与线条（要保持服装外轮廓前后一致），得到所需图形。

step 26 选用step25中的蓝色图形作为来源对象，绿色图形作为目标对象，执行"焊接"命令（不勾选"保留原始源对象"和

"保留原目标对象"）；选用step25中的红色的图形作为来源对象，黄色图形作为目标对象，执行"焊接"命令（不勾选"保留原始源对象"和"保留原目标对象"），然后再利用形状工具进行调整，得到所需图形。

step 27 利用贝塞尔工具绘制出红色线条并将其群组。

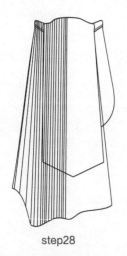
step28

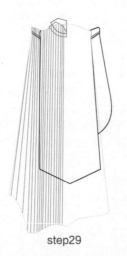
step29

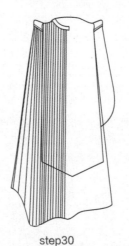
step30

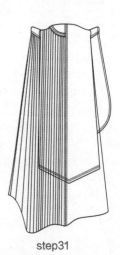
step31

step 28 选用step27中的红色线条作为来源对象，蓝色图形作为目标对象，执行"相交"命令（不勾选"保留原始源对象"，勾选"保留原目标对象"），得到所需图形。

step 29 利用贝塞尔工具绘制红色与绿色图形。

step 30 先选用step29中的红色图形作为来源对象，蓝色线条作为目标对象，执行"修剪"命令（勾选"保留原始源对象"，不勾选"保留原目标对象"）；接着选用step29中的绿色图形作为来源对象，蓝色线条作为目标对象，执行"修剪"命令（勾

选"保留原始源对象"，不勾选"保留原目标对象"）；再选用绿色的图形作为来源对象，黄色图形作为目标对象，执行"相交"命令（不勾选"保留原始源对象"，勾选"保留原目标对象"）；最后选用红色图形作为来源对象，绿色图形作为目标对象，执行"修剪"命令（不勾选"保留原始源对象"和"保留原目标对象"），得到所需图形。

step 31 利用贝塞尔工具绘制出虚线，完成背面的设计。

4.5 压褶装饰长上衣的设计与表现

4.5.1 压褶装饰长上衣的正面设计与表现

step01

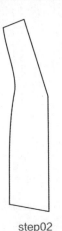

step02

step03

step04

step 01　利用矩形工具拖曳绘制出矩形形状，然后将其转换为曲线。

step 02　利用形状工具对矩形进行调节，得到所需图形。

step 03　利用贝塞尔工具绘制出绿色和蓝色图形。

step 04　执行"窗口>泊坞窗>造形"命令，打开造形面板，选用step03中的红色图形作为来源对象，蓝色图形作为目标对象，执行"修剪"命令（勾选"保留原始源对象"，不勾选"保留原目标对象"）；再选用step03中的红色图形作为来源对象，绿色图形作为目标对象，执行"相交"命令（勾选"保留原始源对象"，不勾选"保留原目标对象"），然后利用形状工具对绿色的图形进行调整，得到所需图形。

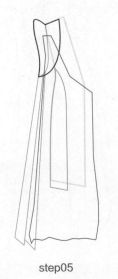

step05

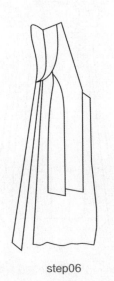

step06

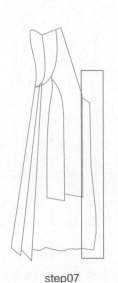

step07

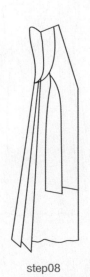

step08

step 05　利用贝塞尔工具分别绘制出红色、黄色和蓝色的图形。

step 06　先选用step05中的绿色图形作为来源对象，黄色图形作为目标对象，执行"修剪"命令（勾选"保留原始源对象"，不勾选"保留原目标对象"）；再将黄色和绿色图形群组作为来源对象，红色图形作为目标对象，执行"修剪"命令（勾选"保留原始源对象"，不勾选"保留原目标对象"）；然后选用蓝色图形作为来源对象，红色图形作为目标对象，执行"修剪"命令（勾选"保留原始源对象"，不勾选"保留原目标对象"），得到所需图形。

step 07　选中step06的全部图形，执行"排列>群组"命令，再利用矩形工具拖曳绘制出矩形形状。

step 08　选用step07中的红色矩形作为来源对象，绿色图形作为目标对象，执行"修剪"命令（不勾选"保留原始源对象"和"保留原目标对象"），得到所需图形。

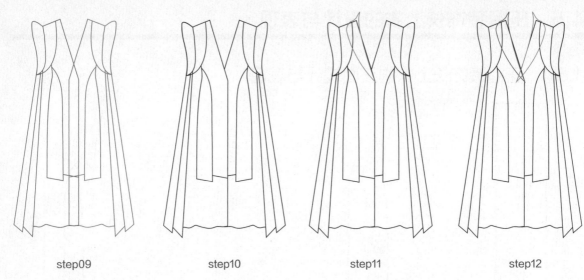

step09   step10   step11   step12

step 09　选中step08的全部图形，按Ctrl键做镜像复制，再水平移动到合适的位置，得到所需图形。

step 10　选用step08中的红色图形作为来源对象，绿色图形作为目标对象，执行"修剪"命令（勾选"保留原始源对象"，不勾选"保留原目标对象"），得到所需图形。

step 11　利用贝塞尔工具绘制出领子。

step 12　选中step11的领子图形，按Ctrl键做镜像复制，再水平移动到合适的位置，得到所需图形。

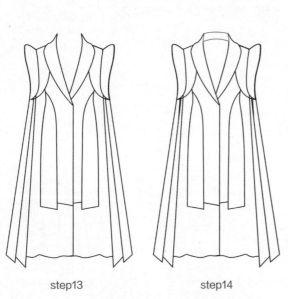

step13   step14   step15   step16

step 13　选用step12中的红色领子作为来源对象，蓝色领子作为来源对象，执行"修剪"命令（勾选"保留原始源对象"，不勾选"保留原目标对象"），再用形状工具调整，得到所需图形。

step 14　利用贝塞尔工具绘制出后领座。

step 15　利用贝塞尔工具绘制出红色的线条以及绿色和蓝色的图形。

step 16　将step15中的红色线条作为来源对象，蓝色图形作为目标对象，执行"相交"命令（不勾选"保留原始源对象"，勾选"保留原目标对象"），利用贝塞尔工具绘制出虚线，再利用椭圆形工具绘制出纽扣，完成正面的设计。

4.5.2 压褶装饰长上衣的背面设计与表现

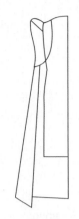

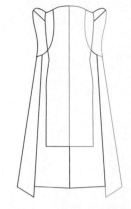

step 17 复制step16的全部图形。

step 18 删除不必要的图形与线条（要保持服装外轮廓前后一致），得到所需图形。

step 19 利用形状工具对图形进行调整，再利用贝塞尔工具进行绘制，得到所需图形。

step 20 全选step19的图形，按住Ctrl键进行镜像复制，得到所需图形。

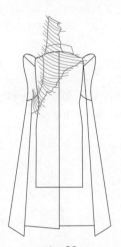

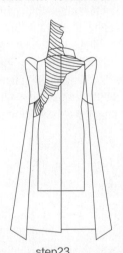

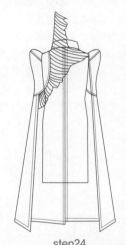

step21

step22

step23

step24

step 21 选用step20中红色的图形作为来源对象，蓝色图形作为目标对象，执行"修剪"命令（勾选"保留原始源对象"，不勾选"保留原目标对象"），然后再利用形状工具对下摆进行调整，得到所需图形。

step 22 利用贝塞尔工具绘制出绿色线条以及红色和蓝色的图形。

step 23 选用step22中的红色图形作为来源对象，将蓝色线条线条群组后作为目标对象，执行"相交"命令（勾选"保留原始源对象"，不勾选"保留原目标对象"），得到所需图形。

step 24 利用贝塞尔工具绘制出虚线，完成背面的设计。

4.6 拼接材质披风的设计与表现

4.6.1 拼接材质披风的正面设计与表现

step01

step02

step03

step 01 利用矩形工具拖曳绘制出矩形形状，然后转换为曲线。

step 02 利用形状工具对矩形进行调节，得到所需图形。

step 03 利用贝塞尔工具绘制出绿色、橙色和蓝色图形。

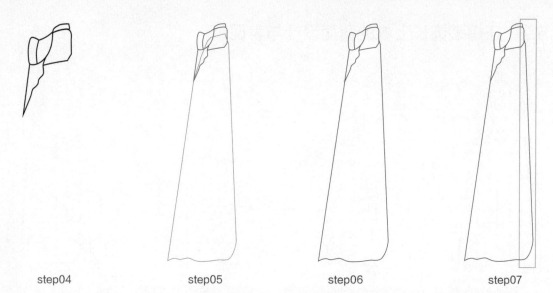

step04   step05   step06   step07

step 04 执行"窗口>泊坞窗>造形"命令，打开造形面板，选用step03中的红色图形作为来源对象，绿色图形作为目标对象，执行"相交"命令（勾选"保留原始源对象"，不勾选"保留原目标对象"）；然后将step03中的红色图形作为来源对象，蓝色图形作为目标对象，执行"修剪"命令（勾选"保留原始源对象"，不勾选"保留原目标对象"）；再选用step03中的橙色图形作为来源对象，蓝色图形作为目标对象，执行"修剪"命令（勾选"保留原始源对象"，不勾选"保留原目标对象"）；最后选用step03中的红色图形作为

来源对象，橙色图形作为目标对象，执行"修剪"命令（勾选"保留原始源对象"，不勾选"保留原目标对象"），执行"排列>群组"命令，得到所需图形。

step 05 利用贝塞尔工具绘制出蓝色图形。

step06 选用step05中的红色图形作为来源对象，蓝色图形作为目标对象，执行"修剪"命令（勾选"保留原始源对象"，不勾选"保留原目标对象"），得到所需图形。

step 07 执行"排列>群组"命令，再利用矩形工具拖曳绘制出矩形形状。

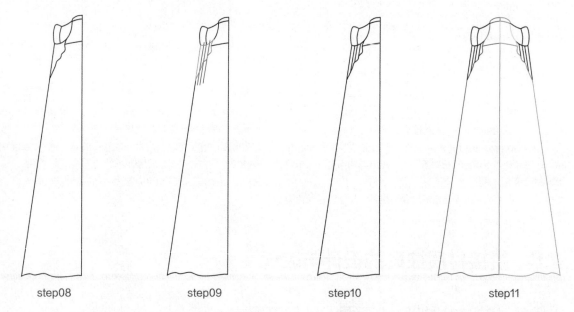

step08   step09   step10   step11

step 08 选用step07中的蓝色矩形作为来源对象，红色图形作为目标对象，执行"修剪"命令，（不勾选"保留原始源对象"和"保留原目标对象"），得到所需图形。

step 09 执行"排列>取消群组"命令，利用贝塞尔工具绘制出红色线条。

step 10 选用step09中的蓝色图形作为来源对象，将红色线条群组后作为目标对象，执行"相交"命令（勾选"保留原始源对象"，不勾选"保留原目标对象"），得到所需图形。

step 11 全选step10的图形，按住Ctrl键进行镜像复制，得到所需图形。

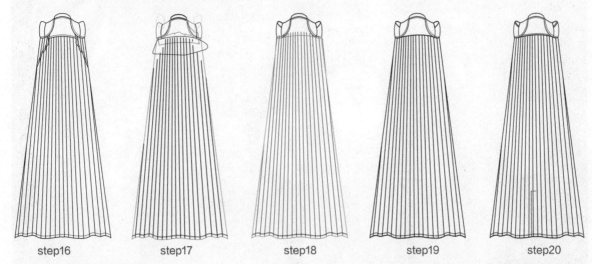

| step12 | step13 | step14 | step15 |

step 12　选用step11中的红色图形作为来源对象，蓝色图形作为目标对象，执行"焊接"命令（不勾选"保留原始源对象"和"保留原目标对象"），利用相同的方法对绿色和黄色，以及橙色和紫色的图形进行操作，得到所需图形。

step 13　利用贝塞尔工具绘制出线条，执行"排列>变换>旋转"命令，设置合适的数值用以复制线条，得到所需的图形。

step 14　选用step13中的红色图形作为来源对象，蓝色线条群组后作为目标对象，执行"相交"命令（勾选"保留原始源对象"，不勾选"保留原目标对象"），得到所需图形。

step 15　利用贝塞尔工具绘制出虚线，完成正面的设计。

4.6.2　拼接材质披风的背面设计与表现

| step16 | step17 | step18 | step19 | step20 |

step 16　复制step15的全部图形。

step 17　删除不必要的图形和线条，利用形状工具对蓝色、红色和绿色图形进行调整，再利用贝塞尔工具绘制出黄色图形。

step 18　选用step17中的红色图形作为来源对象，绿色图形作为目标对象，执行"修剪"命令（不勾选"保留原始源对象"和"保留原目标对象"）；再选用step17中的橙色图形作为来源对象，绿色图形作为目标对象，执行"修剪"命令（勾选"保留原始源对象"，不勾选"保留原目标对象"）；接着选用step17中的黄色图形作为来源对象，橙色图形作为目标对象，执行"相交"命令（不勾选"保留原始源对象"，勾选"保留原目标对象"），再利用贝塞尔工具进行调整，得到所需图形。

step 19　选用step18中的蓝色图形作为来源对象，红色线条作为目标对象，执行"相交"命令（勾选"保留原始源对象"，不勾选"保留原目标对象"），得到所需图形。

step 20　利用贝塞尔工具绘制出虚线，完成背面的设计。

小结

　　在绘制图形时，先用矩形工具绘制出矩形再将其变形，有利于绘画基础薄弱的设计者，这样更容易控制图形。注意，要对矩形进行调整时，必须先把矩形转换为曲线，才能进行调整。

Chapter 05 礼服的设计与表现

礼服一般根据着装场合来分类，再根据具体的环境、氛围，甚至是着装者的身份等来进行设计和色彩搭配，如婚礼服、晚礼服、礼仪服等。礼服多数强调服装的特殊性，工艺复杂，色彩多样，帮助着装者在人群中大放异彩，成为人们关注的焦点。

本章以"广州市金牌导游服装暨迎亚运城市旅游接待服装设计大赛"礼仪服特等奖作品《木棉之恋》为例。为了体现亚运会的主办城市广州的特色，突出旅游接待人员的精神面貌，展现广州人民的热情和友善，作者巧妙地将广州市市花木棉和中国传统图案"喜上眉头"结合起来，将图案巧妙地安排在服装的下摆和肩部，使人感觉木棉花在服装里生长，充满生命力，而喜鹊则喻意喜悦和欢迎之意。色彩方面，选用具有广州特色的木棉红与金黄色进行搭配，热情、喜庆、高贵、时尚但又不失传统。工艺方面，整个图案特意选择广绣中的金线绣花，使整个作品变得华丽精致，体现了亚运会隆重的节日气氛。

5.1 男式礼服上衣的设计与表现

5.1.1 男式礼服上衣的正面设计与表现

step 01 利用矩形工具拖曳绘制出矩形形状，然后转换为曲线。

step 02 为矩形填上颜色，然后利用形状工具增加节点，调整得到所需图形。

step 03 用矩形工具拖曳绘制出矩形形状，然后转换为曲线。

step 04 利用形状工具增加节点并填上颜色，调整得到所需图形。

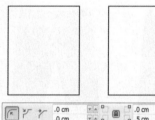

step05   step06

step07

step08

step09

step 05 利用矩形工具拖曳绘制出矩形形状。

step 06 利用挑选工具选中矩形，在属性栏上选修改矩形的角，输入相应的数值，得到所需图形。

step 07 利用贝塞尔工具画出所需线条，然后在属性栏上的线条样式里选择合适的虚线，完成口袋的绘制。

step 08 调整口袋的大小并将其放到衣身合适的位置上。

step 09 执行"窗口>泊坞窗>造形"命令，打开造形面板，将step08中的绿色口袋群组后作为来源对象，衣身作为目标对象，执行"相交"命令（不勾选"保留原始源对象"，勾选"保留原目标对象"），得到所需图形。

step10

step11

step12

step13

step 10 利用椭圆形工具拖曳绘制出圆形。

step 11 利用椭圆形工具拖曳绘制出另一个较小的圆形，再复制出其他三个，排列整齐后放置到step10上，完成纽扣的绘制。

step 12 把step11的纽扣放到口袋上合适的位置，然后再利用贝塞尔工具画出紫色、黄色和绿色图形。

step 13 将step12中的绿色图形群组后作为来源对象，黄色图形作为目标对象，执行"相交"命令（不勾选"保留原始源对象"，勾选"保留原目标对象"）；再选用step10中的橙色图形作为来源对象，蓝色图形作为目标对象，执行"相交"命令（不勾选"保留原始源对象"，勾选"保留原目标对象"），填上颜色，绘制出服装的阴影和受光区域。

step 14　全选step13，按Ctrl键做镜像复制再将其水平移动到合适的位置，得到所需图形。

step 15　利用贝塞尔工具画出蓝色图形。

step 16　执行"排列>顺序"命令，把step15的蓝色图形放到页面的后面，填上颜色，得到所需图形。

step 17　复制step11的纽扣，调整好大小后复制出多个，再将其放置到门襟上合适的位置。

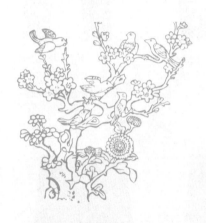  

step 18　利用贝塞尔工具绘制出黄色线条图案（注：这一步骤最好用手绘起稿，再在CorelDRAW中进行调整）。

step 19　把step18的图案放到前身合适的位置上。

step 20　选用step19中的黄色图案作为来源对象，绿色图形作为目标对象，执行"相交"命令（不勾选"保留原始源对象"，勾选"保留原目标对象"），完成正面的设计。

5.1.2　男式礼服上衣的背面设计与表现

step 21　复制step20的全部图形。

step 22　删除不必要的图形与线条（要保持服装外轮廓前后一致），得到所需图形。

step 23　选用step22中的绿色图形作为来源对象，将黄色图形和蓝色图形群组后作为目标对象，执行"焊接"命令（不勾选"保留原始源对象"和"保留原目标对象"），得到所需图形。

step 24　利用贝塞尔工具画出背中缝和刀背缝的实线及虚线，完成背面的设计。

5.2.1 男式礼服裤的正面设计与表现

step 01 利用矩形工具拖曳绘制出矩形形状，然后转换为曲线。

step 02 将矩形填上颜色，利用形状工具增加节点，调整得到所需图形。

step 03 利用相同的方法绘制出腰头，并用贝塞尔工具绘制出裤脚处的虚线。

step 04 利用贝塞尔工具绘制出斜插袋和腰头上的虚线。

step 05 选中step04的全部图形，按住Ctrl键做镜像复制，得到所需图形。

step06   step07   step08   step09

step 06 执行"窗口>泊坞窗>造形"命令，打开造形面板，选用step05中的蓝色图形作为来源对象，黄色图形作为目标对象，执行"焊接"命令（不勾选"保留原始源对象"和"保留原目标对象"），得到所需图形。

step 07 利用贝塞尔工具绘制出蓝色和黄色图形。

step08 选用step07中的蓝色图形作为来源对象，橙色图形作为目标对象，执行"相交"命令（不勾选"保留原始源对象"，勾选"保留原目标对象"）；再选用step07中的黄色图形作为来源对象，绿色图形作为目标对象，执行"相交"命令（不勾选"保留原始源对象"，勾选"保留原目标对象"）。将新绘制的两处图形都填上颜色，作为裤子的阴影区域。

step 09 利用椭圆形工具绘制出纽扣，然后利用贝塞尔工具绘制出搭门的线条并设置好虚线的样式，最后用矩形工具绘制出裤耳，完成正面的设计。

5.2.2　男式礼服裤的背面设计与表现

step 10　复制step09的全部图形。

step 11　删除不必要的图形与线条（要保持裤子外轮廓前后一致），得到所需图形。

step 12　利用形状工具对腰头进行调整。

step 13　利用矩形工具绘制出后袋和裤耳，利用贝塞尔工具绘制出省道和虚线，利用椭圆形工具绘制出纽扣，完成背面的设计。

5.3　中式礼服裙的设计与表现

5.3.1　中式礼服裙的正面设计与表现

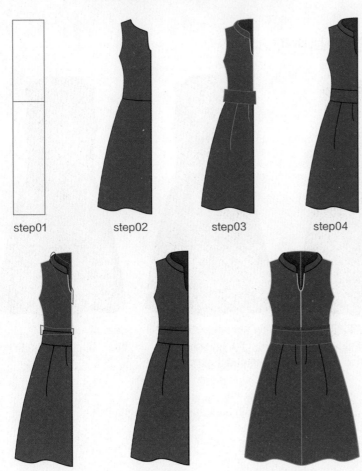

step01　　step02　　step03　　step04

step05　　step06　　step07

step 01　利用矩形工具拖曳绘制出矩形形状，然后转换为曲线。

step 02　为矩形填上颜色，利用形状工具增加节点，调整得到所需图形。

step 03　利用贝塞尔工具绘制出绿色和蓝色图形，并填上颜色，得到所需图形。

step 04　执行"窗口>泊坞窗>造形"命令，打开造形面板，选用step03中的绿色图形作为来源对象，黄色图形作为目标对象，执行"相交"命令（不勾选"保留原始源对象"，勾选"保留原目标对象"），得到所需图形。

step 05　利用贝塞尔工具画绿色和紫色图形。

step 06　选用step05中的绿色图形作为来源对象，黄色图形作为目标对象，执行"相交"命令（不勾选"保留原始源对象"，勾选"保留原目标对象"）；再选用step05中的紫色图形作为来源对象，蓝色图形作为目标对象，执行"相交"命令（不勾选"保留原始源对象"，勾选"保留原目标对象"），填上颜色，绘制出裙子的阴影区域。

step 07　选中step06的全部图形，按Ctrl键做镜像复制，得到所需图形。

step 08　将step07的两个绿色图形（腰带），两个蓝色图形（后领）与两个黄色图形（衣身）分别执行"焊接"命令（不勾选"保留原始源对象"和"保留原目标对象"），得到所需图形。

step 09　利用贝塞尔工具绘制出蝴蝶结，填上颜色，得到所需图形。

step 10　把男式礼服上衣正面的图案放置在裙摆合适的位置上，完成礼服裙正面的设计。

5.3.2　中式礼服裙的背面设计与表现

step 11　复制step10的全部图形。

step 12　删除不必要的图形与线条（要保持裙装外轮廓前后一致），得到所需图形。

step 13　利用形状工具进行调整，将step10的绿色图形、蓝色图形与黄色图形通过"焊接"命令（不勾选"保留原始源对象"和"保留原目标对象"）结合在一起，得到所需图形。

step 14　利用贝塞尔工具绘制出后领，完成背面的设计。

5.4 女式礼服短上衣的设计与表现

5.4.1 女式礼服短上衣的正面设计与表现

step 01 利用矩形工具拖曳绘制出矩形形状，然后转换为曲线。

step 02 将矩形填上颜色，利用形状工具增加节点，调整得到所需图形。

step 03 再次利用矩形工具拖曳绘制出矩形形状，然后将其转换为曲线。

step 04 将矩形填上颜色，利用形状工具增加节点并进行调整。绘制出袖口虚线。

step 05 利用贝塞尔工具绘制出绿色、黄色和蓝色图形。

step 06 执行"窗口>泊坞窗>造形"命令，打开造形面板，选用step05中的黄色图形作为来源对象，绿色图形作为目标对象，执行"相交"命令（不勾选"保留原始源对象"，勾选"保留原目标对象"），再分别填上颜色。

step 07 选中step06的全部图形，执行"排列>群组"命令，再利用矩形工具拖曳绘制出矩形形状。

step 08 选用step07中的绿色矩形作为来源对象，群组的图形作为目标对象，执行"修剪"命令（不勾选"保留原始源对象"，勾选"保留原目标对象"），得到所需图形。

step 09 全选step08的图形，按Ctrl键做镜像复制，得到所需图形。

step 10 将step09中的两个绿色图形（服装后片）、两个蓝色图形（后片下摆）和两个黄色图形（后领）分别执行"焊接"命令（不勾选"保留原始源对象"和"保留原目标对象"）。

step 11 把男式礼服上衣正面的图案放置在衣摆合适的位置上。

step 12 选用图案作为来源对象，step11中的绿色图形作为目标对象，执行"相交"命令（不勾选"保留原始源对象"，勾选"保留原目标对象"），完成正面的设计。

5.4.2 女式礼服短上衣的背面设计与表现

step 13 复制step12的全部图形。

step 14 删除不必要的图形与线条，（要保持服装外轮廓前后一致），得到所需图形。

step 15 将Step14中的黄色图形与绿色图形执行"焊接"命令（不勾选"保留原始源对象"和"保留原目标对象"），再利用贝塞尔工具绘制出下摆的虚线，完成背面的设计。

小结

在填充色彩时，所绘制的图形必须闭合才能进行内部填充，反之则无法填充。当上层图形填充上颜色后，就会遮挡住下层的图形。而在执行"排列>造型>修剪"命令（勾选"保留原始源对象"）时得出的结果，与填充颜色后上层图形遮挡住下层图形的效果相同。这时候就要判断是执行"排列>造型>修剪"（勾选"保留原始源对象"）命令方便，还是用填充色彩后的上层图形遮挡住下层图形方便，从中选择最为合适的方法。

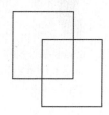 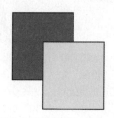 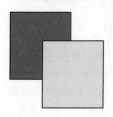

没填充上颜色的图形

上层图形填充了颜色后，会遮挡住下层的图形

执行"排列 > 造型 > 修剪"命令（勾选"保留原始源对象"）的效果，与左侧效果在视觉上相同

毛织服装属于针织服装的一个类型，与梭织面料的经纬线组织结构不一样，毛织面料是以线圈为单位的组织结构，大多数以羊毛、羊绒、兔毛等各种动物纤维为主，在设计与制作方面有其特殊性，要注意线圈组织结构的变化。

本系列设计的作者把自己想象成了茧，在大学几年期间不断汲取营养，不断成长，最终努力破茧成蝶。本设计主要使用了CorelDRAW的贝塞尔工具和变换面板，当图形需要相同距离，不同数量的重复时，选择"排列>变换"命令相当快捷和方便。但是当每个图形都不相同，或者距离不完全一样时，就只能手动进行调整。

6.1 交叠毛织长裙的设计与表现

6.1.1 交叠毛织长裙的正面设计与表现

step01

step02

step03

step04

step05

step 01　利用贝塞尔工具绘制出蓝色图形。

step 02　再接着利用贝塞尔工具绘制出三个红色图形，并执行"排列>群组"命令。

step 03　执行"窗口>泊坞窗>造形"命令，打开造形面板，选用step02中的蓝色图形作为来源对象，红色图形作为目标对象，执行"修剪"命令（勾选"保留原始源对象"，不勾选"保留原目标对象"），得到所需图形。

step 04　利用贝塞尔工具绘制出红色线条，并执行"排列>群组"命令。

step 05　选用step04中的蓝色图形作为来源对象，红色线条作为目标对象，执行"相交"命令（勾选"保留原始源对象"，不勾选"保留原目标对象"），得到所需图形。

step06

step07

step08

step09

step10

step 06　利用与step04到step05相同的方法，将线条填充到所需图形内部。

step 07　填上颜色，得到如图所示的效果。

step 08　利用贝塞尔工具绘制出湖蓝、紫色和红色的图形。

step 09　分别选用step08中的橙色图形与蓝色图形执行"相交"命令，黄色图形与红色图形执行"相交"命令，绿色图形与紫色图形执行"相交"命令（分别将橙色、黄色和绿色图形作为来源对象，分别将蓝色、红色和紫色作为目标对象，勾选"保留原始源对象"，不勾选"保留原目标对象"），得到所需图形。

step 10　填上稍深一些的颜色，表现出毛织服装的阴影区域。

step11

step12

step13

step 11　利用贝塞尔工具绘制出蓝色、红色和紫色的图形。

step 12　分别选用step11中的橙色图形与蓝色图形执行"相交"命令，黄色图形与红色图形执行"相交"命令，绿色图形与紫色图形执行"相交"命令（分别将橙色、黄色和绿色图形作为来源对象，分别将蓝色、红色与紫色图形作为目标对象，勾选"保留原始源对象"，不勾选"保留原目标对象"），得到所需图形。

step 13　填上稍浅一些的颜色，表现出毛织服装的受光区域。

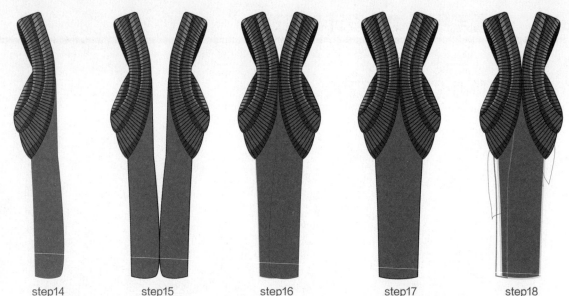

step14   step15   step16   step17   step18

step 14   利用贝塞尔工具绘制出红色图形并填上颜色。

step 15   选中step14的全部图形，进行群组，按Ctrl键做镜像复制，得到所需图形。

step 16   水平移动镜像复制出的图形。

step 17   选中step16执行"排列>取消群组"命令，选用step16

中的黄色图形作为来源对象，红色图形作为目标对象，执行"焊接"命令（不勾选"保留原始源对象"和"保留原目标对象"），得到所需图形。

step 18   利用贝塞尔工具绘制出红色和绿色的图形。

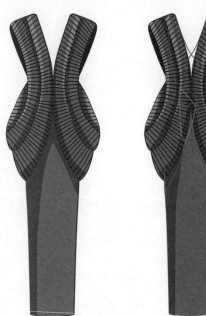

step19   step20   step21

step 19   分别选用step18中的黄色图形与红色图形执行"相交"命令，黄色图形与绿色图形执行"相交"命令（黄色图形作为来源对象，红色和绿色图形作为目标对象，勾选"保留原始源对象"，不勾选"保留原目标对象"），填上深一些的颜色，作为裙子的阴影区域。

step 20   利用贝塞尔工具绘制出红色、紫色和绿色的图形，填上更深一些的颜色，作为背面和接缝处的阴影区域。

step 21   将红色，紫色和绿色图形群组，先执行"窗口>泊坞窗>顺序"命令，再执行"排列>置于此对象前"命令，把红色、紫色和绿色图形放到黄色图形前面，完成正面的设计。

6.1.2　交叠毛织长裙的背面设计与表现

step22　　　　　step23　　　　　step24　　　　　step25　　　　　step26

step 22　复制step21的全部图形，利用贝塞尔工具绘制出黄色、橙色和绿色图形。

step 23　选用step22中的橙色图形作为来源对象，将黄色图形和绿色图形群组后作为目标对象，执行"修剪"命令(勾选"保留原始源对象"，不勾选"保留原目标对象")，得到所需图形。

step 24　删除掉不必要的图形与线条，然后填上颜色，得到所需图形。

step 25　利用贝塞尔工具绘制出红色、蓝色和紫色的线条，并分别群组。

step 26　分别选用step25中的黄色图形与红色线条执行"相交"命令，橙色图形与蓝色线条执行"相交"命令，绿色图形与紫色线条执行"相交"命令（分别将黄色、橙色和绿色图形作为源对象，分别将红色、蓝色和紫色线条作为目标对象，勾选"保留原始源对象"，不勾选"保留原目标对象"），得到所需图形。

step27　　　　　step28　　　　　step29　　　　　step30　　　　　step31　　　　　step32

step 27　利用贝塞尔工具绘制出绿色、红色和蓝色图形。

step 28　分别选用step27中的橙色图形和绿色图形执行"相交"命令，黄色图形和红色图形执行"相交"命令，紫色图形和蓝色图形执行"相交"命令（分别将橙色、黄色和紫色图形作为来源对象，分别将红色、蓝色和绿色图形作为目标对象，勾选"保留原始源对象"，不勾选"保留原目标对象"），得到所需图形。

step 29　填上深一些的颜色，表现出毛织服装的阴影区域。

step 30　利用贝塞尔工具绘制出绿色、红色和蓝色图形。

step 31　分别选用step30中的橙色图形和绿色图形执行"相交"命令，黄色图形和红色图形执行"相交"命令，紫色图形和蓝色图形执行"相交"命令（分别将橙色、黄色和紫色图形作为来源对象，分别将绿色、红色和蓝色图形作为目标对象，勾选"保留原始源对象"，不勾选"保留原目标对象"），得到所需图形。

step 32　填上浅一些的颜色，表现出毛织服装的受光区域。

step 33　选中红色区域的图形，执行"编辑>复制""编辑>粘贴"命令。

step 34　选中step33中复制出的图形，执行水平镜像翻转，得出所需图形。

step 35　然后执行"排列>顺序"命令，调整图形的顺序和位置，得出所需图形。

step 36　利用贝塞尔工具绘制出红色图形和黄色图形。

step 37　填上更深一些的颜色，表现出接缝处的阴影，执行"排列>顺序"命令，调整前后顺序，完成背面的设计。

6.2　超大茧形毛织外套的设计与表现

6.2.1　超大茧形毛织外套的正面设计与表现

  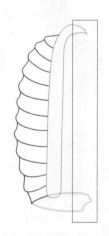 

step01　　　　　　step02　　　　　　step03　　　　　　step04　　　　　　step05

step 01　利用贝塞尔工具绘制出蓝色、红色和黄色的图形。

step 02　执行"窗口>泊坞窗>造形"命令，打开造形面板，选用step01的红色图形作为来源对象，蓝色图形作为目标对象，执行"修剪"命令（勾选"保留原始源对象"，不勾选"保留原目标对象"），接着再选用step01中的黄色图形作为来源对象，红色图形作为目标对象，执行"修剪"命令（勾选"保留原始源对象"，不勾选"保留原目标对象"），得到所需图形。

step 03　利用相同的方法重复进行编辑，得到所需图形。

step 04　利用贝塞尔工具绘制出蓝色和黄色图形，再利用矩形工具绘制出红色矩形。

step 05　选用step04中的红色矩形作为来源对象，将蓝色和黄色图形群组后作为目标对象，执行"修剪"命令（不勾选"保留原始源对象"和"保留原目标对象"），将各图形分别填上颜色，得到所需图形。

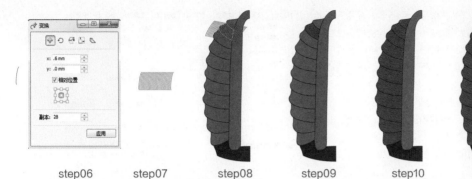

| step06 | step07 | step08 | step09 | step10 | step11 | step12 |

step 06 利用贝塞尔工具绘制出红色线条。

step 07 执行"排列>变换>位置"命令，打开变换面板，选中step06的红色线条，在变换面板上输入合适的参数，单击应用按钮，得到所需图形。

step 08 选用step07的图形，执行"排列>群组"命令，然后将其放置到step05绘制好的图形上。

step 09 选用step08的黄色图形作为来源对象，红色线条作为目标对象，执行"相交"命令（勾选"保留原始源对象"，不勾

选"保留原目标对象"），得到所需图形。

step 10 利用相同的方法重复进行操作，直到将前衣片的肌理绘制完成。

step 11 按照step06、step07和step08的步骤进行操作，绘制衣领处的肌理，再用形状工具适当调整，得到所需图形。

step 12 选用step11的黄色图形作为来源对象，红色线条群组后作为目标对象，执行"相交"命令（勾选"保留原始源对象"，不勾选"保留原目标对象"），得到所需图形。

step 13 利用贝塞尔工具绘制出红色图形。

step 14 选用step13的红色图形填上较深的颜色作为阴影区域，然后将其排列到黄色图形的后面，得到所需图形。

step 15 利用step13和step14同样的方法进行操作，得到所需图形。

step 16 选中step15的全部图形，按Ctrl键做镜像复制，得到所需图形。

| step17 | step18 | step19 | step20 |

step 17　选中step16中的红色图形与绿色图形，黄色的图形与蓝色图形，分别执行"焊接"命令（分别将红色和黄色图形作为来源对象，分别将绿色和蓝色图形作为目标对象，不勾选"保留原始源对象"和"保留原目标对象"），得到所需图形。

step 18　利用贝塞尔工具绘制出红色和黄色图形。

step 19　执行"排列>顺序>到图层后面"命令，调整图形的顺序并且填上颜色，得出所需图形。

step 20　再次利用贝塞尔工具绘制出红色、黄色、蓝色和橙色的图形。

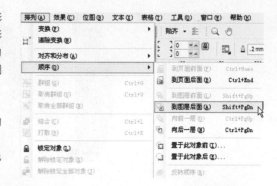

step21　　　　　　　step22　　　　　　　step23

step 21　选中step20中的绿色图形作为来源对象，红色图形群组后作为目标对象，执行"修剪"命令（勾选"保留原始源对象"，不勾选"保留原目标对象"），填上颜色，利用相同方法重复进行操作，得到所需图形。

step 22　利用贝塞尔工具绘制出红色图形和绿色图形。

step 23　选用step22中的黄色图形作为来源对象，红色图形群

组后作为目标对象，执行"相交"命令（勾选"保留原始源对象"，不勾选"保留原目标对象"）；选用step22的蓝色图形作为来源对象，绿色图形作为目标对象，执行"相交"命令，（勾选"保留原始源对象"，不勾选"保留原目标对象"），分别填上较浅的颜色，表现出毛织服装的受光区域，完成正面的设计。

6.2.2　超大茧形毛织外套的背面设计与表现

step 24　复制step23的全部图形，利用贝塞尔工具绘制出黄色和红色的图形。

step 25　选中step24的红色图形作为来源对象，黄色图形作为目标对象，执行"修剪"命令（勾选"保留原始源对象"，不勾选"保留原目标对象"），得到所需图形。

step 26　利用step24和step25的方法重复进行操作，得到所需图形。

step 27 删除不必要的图形
与线条，然后填上颜色，得到
所需图形。

step 28 利用贝塞尔工具绘
制出黄色图形。

step 29 选用step28红色图
形作为来源对象，黄色图形作
为目标对象，执行"修剪"命
令，（勾选"保留原始源对
象"，不勾选"保留原目标对
象"），得到所需图形。

step 30 利用step28到
step29的相同方法进行操
作，得到所需图形。

step 31 利用贝塞尔工具绘制出红色
线条。

step 32 执行"排列>变换>位置"命
令，打开变换面板，选中step06的红色
线条，在变换面板上输入合适的参数，单
击应用按钮，得到所需图形。

step 33 选用step32的全部红色线条，
执行"排列>群组"命令，然后将其放
到step30相对应的位置上，得到所需
图形。

step 34 选用step33中的黄色图形作为
来源对象，红色线条作为目标对象，执
行"相交"命令（勾选"保留原始源对
象"，不勾选"保留原目标对象"），得
到所需图形。

step 35 利用相同的方法重复进行操
作，完成背面的设计。

6.3 复合结构毛织上衣的设计与表现

6.3.1 复合结构毛织上衣的正面设计与表现

step01   step02   step03   step04   step05

step 01   利用贝塞尔工具绘制出红色和蓝色的图形。

step 02   执行"窗口>泊坞窗>造形"命令，打开造形面板，选用step01的红色图形作为来源对象，蓝色图形作为目标对象，执行"修剪"命令（勾选"保留原始源对象"，不勾选"保留原目标对象"），得到所需图形。

step 03   利用贝塞尔工具绘制出绿色、黄色、紫色和黑色的图形。

step 04   选用step03中的红色图形作为来源对象，绿色图形作为目标对象，执行"修剪"命令（勾选"保留原始源对象"，不勾选"保留原目标对象"）；再选用step03中的黄色图形作为来源对象，将绿色、红色和蓝色图形群组后作为目标对象，执行"修剪"命令（勾选"保留原始源对象"，不勾选"保留原目标对象"）；接着选用step03中的紫色图形作为来源对象，将黑色、红色、蓝色图形群组后作为目标对象，执行"修剪"命令（勾选"保留原始源对象"，不勾选"保留原目标对象"），再用形状工具进行适当调整，得到所需图形。

step 05   利用贝塞尔工具绘制出绿色、紫色、蓝色、黄色和橙色的图形。

 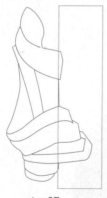  

step06   step07   step08   step09

step 06   选用step05中的红色图形作为来源对象，绿色图形作为目标对象，执行"修剪"命令（勾选"保留原始源对象"，不勾选"保留原目标对象"）；再选用step05中的绿色的图形作为来源对象，将紫色和蓝色图形群组后作为目标对象，执行"修剪"命令（勾选"保留原始源对象"，不勾选"保留原目标对象"）；接着选用step05中的紫色图形作为来源对象，黄色图形作为目标对象，执行"修剪"命令（勾选"保留原始源对象"，不勾选"保留原目标对象"）；最后选用step05中的黄色图形作为来源对象，橙色图形作为目标对象，执行"修剪"命令（勾选"保留原始源对象"，不勾选"保留原目标对象"），得到所需图形。

step 07   选中step06中的全部图形，执行"排列>群组"命令；然后利用矩形工具绘制出蓝色矩形，得到所需图形。

step 08   选用step07的蓝色矩形作为来源对象，红色的群组图形作为目标对象，执行"修剪"命令（不勾选"保留原始源对象"和"保留原目标对象"），然后取消群组，利用形状工具进行细节调整，得到所需图形。

step 09   按Ctrl键镜像复制step08的全部图形并水平移动到合适的位置。

step10　　　　　　step11　　　　　　step12　　　　　　step13

step 10　　选用step09中的红色图形作为来源对象，黄色图形作为目标对象，执行"焊接"命令（不勾选"保留原始源对象"和"保留原目标对象"）；再选用step09中的蓝色图形作为来源对象，绿色图形作为目标对象，执行"焊接"命令，（不勾选"保留原始源对象"和"保留原目标对象"），得到所需图形。

step 11　　利用贝塞尔工具绘制出红色图形，并填上颜色。

step 12　　利用贝塞尔工具绘制出红色线条，然后选中全部线条，执行"排列>群组"命令。

step 13　　选用step12中的黄色图形作为来源对象，红色线条作为目标对象，执行"相交"命令（勾选"保留原始源对象"，不勾选"保留原目标对象"），得到所需图形。

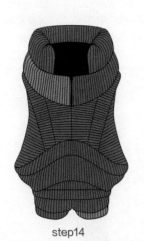

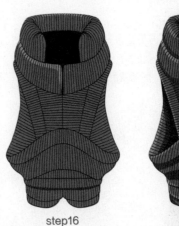

step14　　　　　　step15　　　　　　step16　　　　　　step17

step 14　　利用step12到step13同样的方法进行操作，得到所需图形。

step 15　　利用贝塞尔工具绘制出红色图形。

step 16　　选用step15中的黄色图形作为来源对象，红色图形作为目标对象，执行"相交"命令（勾选"保留原始源对象"，不勾选"保留原目标对象"），填上较浅的颜色，表现出毛织服装的受光区域。。

step 17　　利用step15到step16同样的方法进行操作，完成正面的设计。

step18   step19   step20   step21

step 18　复制step17的全部图形，利用贝塞尔工具根据形状的位置绘制出黄色、橙色、绿色和红色的图形。

step 19　选用step18中的黄色图形作为来源对象，将橙色和绿色图形群组后作为目标对象，执行"修剪"命令（勾选"保留原始源对象"，不勾选"保留原目标对象"），得到所需图形。

step 20　选中step19中的绿色图形作为来源对象，将红色和紫色图形群组后作为目标对象，执行"修剪"命令（勾选"保留原始源对象"，不勾选"保留原目标对象"）；再选中step19中的湖蓝色图形作为来源对象，紫

色图形作为目标对象，执行"修剪"命令（勾选"保留原始源对象"，不勾选"保留原目标对象"），得到所需图形。

step 21　选用step20中的红色图形作为来源对象，绿色图形、橙色图形和湖蓝色图形分别作为目标对象，执行"修剪"命令（勾选"保留原始源对象"，不勾选"保留原目标对象"）；再选中step20中的紫色图形作为来源对象，红色图形作为目标对象，执行"修剪"命令（勾选"保留原始源对象"，不勾选"保留原目标对象"），得到所需图形。

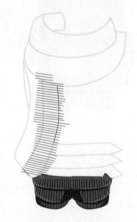
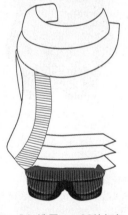

step 22　选中用step21中的紫色图形作为来源对象，绿色图形和红色图形分别作为目标对象，执行"修剪"命令（勾选"保留原始源对象"，不勾选"保留原目标对象"），得到所需图形。

step 23　step23 删除掉不必要的图形与线条，然后利用贝塞尔工具根据所需图形的位置绘制出绿色线条，然后执行"排列>群组"命令。

step 24　选用step23的红色图形作为来源对象，绿色线条作为目标对象，执行"相交"命令（勾选"保留原始源对象"，不勾选"保留原目标对象"），得到所需图形。

step 25　利用step23到step24的相同方法进行操作，填上颜色，得到所需图形。

step26   step27   step28   step29

step 26　全选图形，执行"排列>群组"命令，然后再利用矩形工具绘制出红色矩形。

step 27　选用step26中的红色矩形作为来源对象，群组的图形作为目标对象，执行"修剪"命令（不勾选"保留原始源对象"和"保留原目标对象"），得到所需图形。

step 28　执行"排列>取消群组"命令，利用贝塞尔工具绘

制出绿色图形。

step 29　选中step28中的红色图形作为来源对象，绿色图形作为目标对象，执行"相交"命令（勾选"保留原始源对象"，不勾选"保留原目标对象"），再执行"排列>顺序"命令，将绿色图形排列到红色图形的前面，然后填上较浅的颜色，得到所需图形。

step 30　利用step28到step29的相同方法进行操作，得到所需图形。

step 31　选中step30的全部图形，按Ctrl键做镜像复制，得到所需图形。

step 32　利用贝塞尔工具根据位置绘制出红色、黄色和绿色的图形。

step 33　分别对step32的红色、黄色和绿色图形填上颜色，然后执行"排列>顺序>到图层后面"命令，完成背面的设计。

6.4　兜帽毛织裙的设计与表现

6.4.1　兜帽毛织裙的正面设计与表现

step01   step02   step03   step04   step05 step 01　利用贝塞尔工具绘制出红色、绿色和蓝色的图形。

step 02　执行"窗口>泊坞窗>造形"命令，打开造形面板，选用step01中的红色图形作为来源对象，绿色图形作为目标对象，执行"修剪"命令（勾选"保留原始源对象"，不勾选"保留原目标对象"）。利用相同的方法绘制出裙子臀部的装饰结构，然后给各图形填上颜色，得到所需图形。

step 03　利用贝塞尔工具绘制出绿色的线条并将其群组。

step 04　选用step03中的红色图形作为来源对象，绿色线条作为目标对象，执行"相交"命令（勾选"保留原始源对象"，不勾选"保留原目标对象"），得到所需图形。

step 05　利用贝塞尔工具按照图形的位置绘制出紫色、蓝色、绿色、黄色、橙色、红色和粉色的线条，并分别将其群组。

| step06 | step07 | step08 | step09 | step10 | step11 |

step 06　利用与step04相同的方法进行操作，将线条分别填入指定图形的内部。

step 07　利用贝塞尔工具绘制出绿色的图形。

step08　选用step07中的红色图形作为来源对象，绿色图形作为目标对象，执行"相交"命令（勾选"保留原始源对象"，不勾选"保留原目标对象"），填上较浅的颜色，表现

出毛织结构的受光区域。

step 09　利用贝塞尔工具绘制出红色的图形。

step 10　利用step07到step08相同的方法进行操作，绘制出毛织裙的受光区域和阴影区域，得到所需图形。

step 11　选中step10的全部图形，执行"排列>群组"命令，然后利用矩形工具绘制出红色矩形。

| step12 | step13 | step14 | step15 | step16 |

step 12　选用step11中的红色矩形作为来源对象，群组后的图形作为目标对象，执行"修剪"命令（不勾选"保留原始源对象"和"保留原目标对象"），得到所需图形。

step 13　选中step12的全部图形，按Ctrl键做镜像复制，再执行"排列>取消群组"命令，得到所需图形。

step 14　选用step13中的两个红色图形执行"焊接"命令（不勾选"保留原始源对象"和"保留原目标对象"）；再选

用step13中的两个黄色图形执行"焊接"命令（不勾选"保留原始源对象"和"保留原目标对象"），得到所需图形。

step 15　利用贝塞尔工具绘制出红色和黄色图形。

step 16　选择step15的红色和黄色图形，然后执行"排列>顺序>至于此对象前"命令将其放到绿色图形的前面，然后填上受光和阴影的颜色，完成正面的设计。

6.4.2 兜帽毛织裙的背面设计与表现

   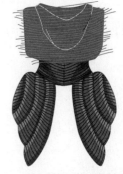

step 17 复制step16的全部 图形，删除不必要的图形与线 条，得到所需图形。

step 18 利用形状工具进行 调整，得到所需图形。

step 19 选用step18中的红 色图形与黄色图形执行"焊 接"命令（不勾选"保留原 始源对象"和"保留原目标 对象"），得到所需图形。

step 20 利用形状工具对后 领口进行调整后，再用贝塞 尔工具绘制出黄色图形和绿 色线条，并将绿色线条进行 群组。

step21   step22   step23   step24

step 21 选用step20中的红色图形作为来源对象，绿色线条作为 目标对象，执行"相交"命令（勾选"保留原始源对象"，不勾 选"保留原目标对象"），得到所需图形。

step 22 利用贝塞尔工具绘制出绿色图形。

step 23 选用step22中的红色图形作为来源对象，绿色图形 作为目标对象，执行"相交"命令（勾选"保留原始源对象"，不 勾选"保留原目标对象"），填上较深的颜色表现出阴影区域。

step 24 利用step22到step23的相同方法，表现出受光区域。

step 25 利用贝塞尔工具绘制出红色图 形和绿色线条，对绿色线条执行"排列> 群组"命令。

step 26 选用step25中的红色图形作为 来源对象，绿色线条作为目标对象，执 行"相交"命令（勾选"保留原始源对 象"，不勾选"保留原目标对象"），得 到所需图形。

step 27 利用step22到step23的相同方 法，完成背面的设计。

6.5　圆形饰片毛织上衣的设计与表现

6.5.1　圆形饰片毛织上衣的正面设计与表现

step01

step02

step03

step04

step 01　利用贝塞尔工具绘制出红色、绿色和黑色的图形。

step 02　执行"窗口>泊坞窗>造形"命令，打开造形面板，选用step01中的红色图形作为来源对象，绿色图形作为目标对象，执行"修剪"命令（勾选"保留原始源对象"，不勾选"保留原目标对象"），得到所需图形。

step 03　选中step02的全部图形，执行"排列>群组"命令，然后利用矩形工具绘制出红色矩形。

step 04　选用step03中的红色矩形作为来源对象，绿色图形作为目标对象，执行"修剪"命令（不勾选"保留原始源对象"和"保留原目标对象"），得到所需图形。

step05

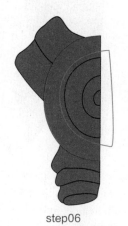

step06

step07

step08

step 05　利用贝塞尔工具绘制出所需图形（参考6.1.1的step01至step07），并填上颜色。

step 06　利用贝塞尔工具绘制出绿色图形。

step 07　选用step06中的红色图形作为来源对象，绿色图形作为目标对象，执行"相交"命令（勾选"保留原始源对象"，不勾选"保留原目标对象"），填上较深的颜色表现出阴影区域。

step 08　利用step06到step07的相同方法，绘制出毛织片的受光区域和阴影区域。

step09

step10

step11

step12

step 09　利用贝塞尔工具绘制出绿色线条，然后群组。

step 10　选用step09中的绿色线条作为来源对象，红色图形作为目标对象，执行"相交"命令（不勾选"保留原始源对象"，勾选"保留原目标对象"），得到所需图形。

step 11　利用step09到step10的相同方法，得出所需图形。

step 12　选中step11的全部图形，按Ctrl键做镜像复制，得到所需图形。

| step13 | step14 | step15 | step16 |

step 13　分别选用step12中的两个红色图形执行"焊接"命令，两个黄色的图形执行"焊接"命令，两个橙色图形执行"焊接"命令（不勾选"保留来源对象"和"保留原目标对象"），得到所需图形。

step 14　利用贝塞尔工具绘制出绿色线条，执行"排列>群组"命令。

step 15　选用step14中的红色图形作为来源对象，绿色线条作为目标对象，执行"相交"命令（勾选"保留原始源对象"，不勾选"保留原目标对象"），得到所需图形。

step 16　利用step14到step15的相同方法，完成正面的设计。

6.5.2　圆形饰片毛织上衣的背面设计与表现

step 17　复制step16的全部图形，然后删除不必要的图形和线条。

step 18　利用贝塞尔工具绘制出红色和绿色的图形。

step 19　选用step18中的绿色图形作为来源对象，红色图形作为目标对象，执行"修剪"命令（勾选"保留原始源对象"，不勾选"保留原目标对象"），填上颜色，得到所需图形。

step 20　利用贝塞尔工具绘制出红色图形，并填上颜色，得到所需图形。

step 21　执行"排列>顺序>置于此对象后"命令。把step20的红色图形放到绿色图形后面，得到所需图形。

step 22　利用贝塞尔工具绘制出红色线条，并将其群组。

step 23　选用step22中的红色线条作为来源对象，绿色图形作为目标对象，执行"相交"命令（不勾选"保留原始源对象"，勾选"保留原目标对象"），得到所需图形。

step 24　利用贝塞尔工具绘制出红色线条并将其群组。

step 25　选用step24中的红色线条作为来源对象，绿色图形作为目标对象，执行"相交"命令（不勾选"保留原始源对象"，勾选"保留原目标对象"），得到所需图形。

step 26　利用贝塞尔工具绘制出绿色图形。

step 27　选用step26中的红色图形作为来源对象，绿色图形作为目标对象，执行"相交"命令（勾选"保留原始源对象"，不勾选"保留原目标对象"），然后填上较浅的颜色，表现出毛织服装的受光区域。

step 28　利用step26到step27相同的方法，绘制完成服装的受光区域和阴影区域，完成背面的设计。

小结

　　在绘制图形时，如果是有规律的图形或线条，可以通过排列菜单中的"变换"命令来完成操作；反之，如果图形或者线条的变化不规律，就需要一步一步进行绘制。在表现毛织服装的结构时，可以绘制得很有规律，也可以根据自己的喜好来设计，使其变化更为丰富。

Chapter 07 运动装的设计与表现

2008年的奥运会、2010年的亚运会和2014年的青年奥运会相继在国内举行，大力推动了我国体育行业的发展。随着人们生活水平的提高，人们的生活方式和观念发生转变，开始注重运动与休闲，运动成为一种时尚的生活方式，这就刺激和推动了运动服装产业的发展。由于运动项目不同，运动服装在设计中也大有不同，如单车服、羽毛球服、篮球服、酷跑服和瑜伽服等，各有其特点。

本章案例的设计灵感来自于神秘的大海和浩瀚的宇宙星空，纯粹简约的线条加上撞色的镶边工艺，在清爽的蓝色调中点缀黄色，跳跃的色彩搭配打造出独特的时尚运动主张，是骑行、越野等户外运动的理想选择。

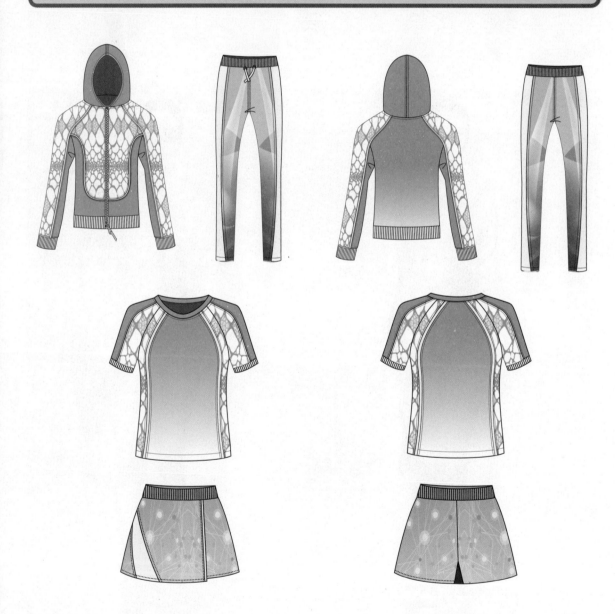

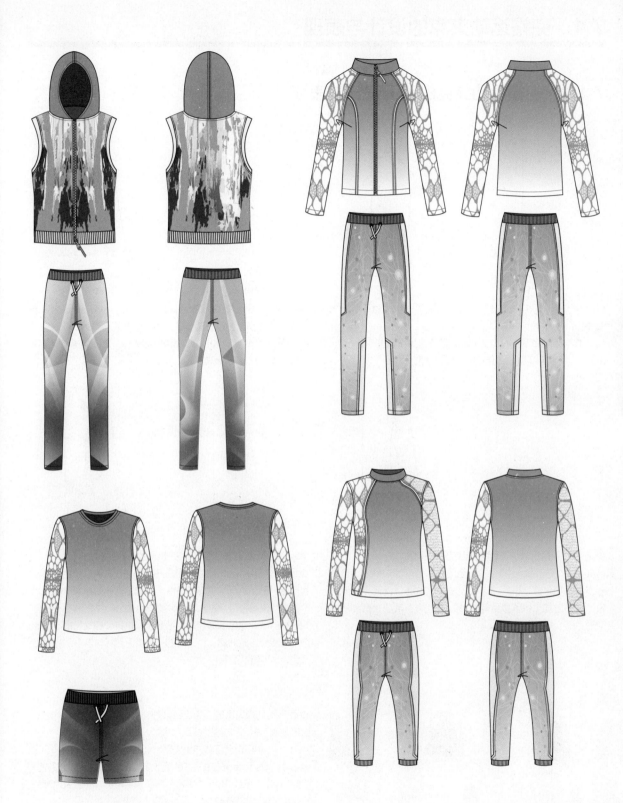

7.1 兜帽运动夹克的设计与表现

7.1.1 兜帽运动夹克的正面设计与表现

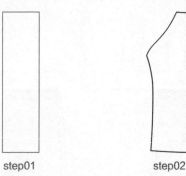

step01   step02

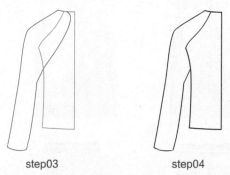

step03   step04

step 01   利用矩形工具拖曳绘制出矩形形状，然后转换为曲线。

step 02   利用形状工具增加节点，调整得到所需图形。

step 03   利用贝塞尔工具绘制出红色图形。

step 04   执行"窗口>泊坞窗>造形"命令，打开造形面板，选用step03中的蓝色图形作为来源对象，红色图形作为目标对象，执行"修剪"命令（勾选"保留原始源对象"，不勾选"保留目标对象"），得到所需图形。

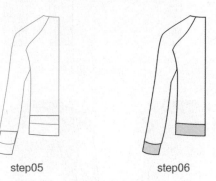

step05   step06

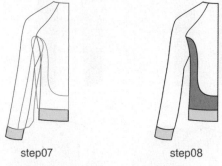

step07   step08

step 05   利用贝塞尔工具绘制出红色图形。

step 06   选用step05中的蓝色图形作为来源对象，红色图形作为目标对象，执行"修剪"命令（勾选"保留原始源对象"，不勾选"保留原目标对象"），填上颜色，得到所需图形。

step 07   利用贝塞尔工具绘制出绿色与蓝色图形。

step 08   选用step07中的红色图形作为来源对象，蓝色图形作为目标对象，执行"相交"命令（勾选"保留原始源对象"，不勾选"保留原目标对象"）；再选用step07中的紫色图形作为来源对象，绿色图形作为目标对象，执行"相交"命令（勾选"保留原始源对象"，不勾选"保留原目标对象"），填上颜色，得到所需图形。

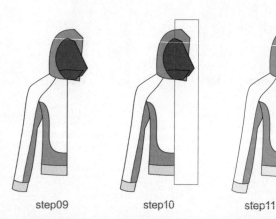

step09   step10   step11

step 09   利用贝塞尔工具绘制出兜帽的形状并填上颜色，选中全部图形，执行"排列>群组"命令，得到所需图形。

step 10   利用矩形工具拖曳绘制出红色矩形形状。

step 11   选用step10中的红色矩形作为来源对象，群组后的图形作为目标对象，执行"修剪"命令（不勾选"保留原始源对象"和"保留原目标对象"），得到所需图形。

step 12　利用贝塞尔工具绘制出图案，执行"排列>群组"命令，得到所需图形。

step 13　利用矩形工具拖曳绘制出红色矩形形状。

step 14　选用step13中的黑色图案作为来源对象，红色矩形作为目标对象，执行"相交"命令（不勾选"保留原始源对象"和"保留原目标对象"），填上颜色，得到所需图形。

| step15 | step16 | step17 | step18 |

step 15　将单组的图案进行镜像复制，得到连续的图案，全选后执行"排列>群组"命令。

step 16　把设计好的图案放到衣身合适的位置上。

step 17　选用step16中的红色图形作为来源对象，绘制好的图案作为目标对象，执行"相交"命令（勾选"保留原始源对象"，不勾选"保留原目标对象"），得到所需图形。

step 18　利用贝塞尔工具绘制出红色图形并填上颜色。

 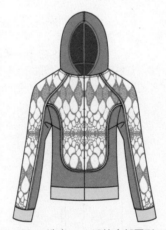 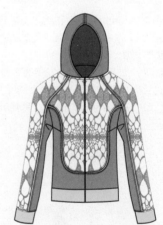

step 19　选用step18中的黄色图形作为来源对象，红色图形作为目标对象，执行"修剪"命令（勾选"保留原始源对象"，不勾选"保留原目标对象"），接着用贝塞尔工具绘制出虚线，得到所需图形。

step 20　选中step19的全部图形，按Ctrl键做镜像复制，得到所需图形。

step 21　选用step20中的红色图形作为来源对象，绿色图形作为目标对象，执行"焊接"命令（不勾选"保留原始源对象"和"保留原目标对象"），利用相同方法将兜帽的其他部分结合在一起，得到所需图形。

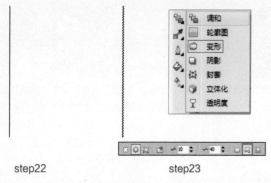

step22　　　　　　　　　　step23

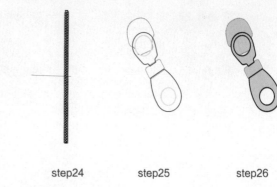

step24　　　　step25　　　　step26

step 22　绘制拉链（可参考Chapter03中拉链的表现方法）。选择贝塞尔工具，按住Ctrl键绘制直线。

step 23　选择变形工具，在属性栏上选拉链变形（在拉链振幅和拉链频率里输入合适的数值），再单击平滑变形按钮，得到所需图形。

step 24　利用矩形工具拖曳绘制出矩形形状，填上黄色并将其排列到step23曲线的下方，再利用贝塞尔工具绘制出虚线，得

到所需图形。

step 25　利用椭圆形工具拖曳绘制出多个椭圆形，再利用贝塞尔工具对形状进行细节调整，得到所需图形。

step 26　选用step25中的黄色椭圆形作为来源对象，红色图形作为目标对象，执行"修剪"命令（不勾选"保留原始源对象"和"保留原目标对象"），填上颜色，得到所需图形。

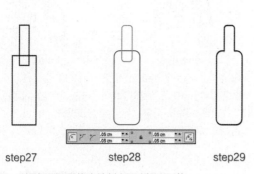

step27　　　　　step28　　　　　step29

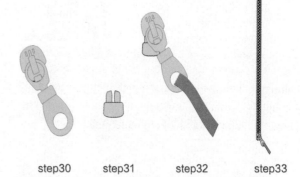

step30　　　step31　　　step32　　　step33

step 27　利用矩形工具拖曳绘制出两个矩形形状。

step 28　选中矩形，在属性栏上修改矩形的角，选圆角输入合适的数值，得到所需图形。

step 29　选用step28中的蓝色图形作为来源对象，红色图形作为目标对象，执行"焊接"命令（不勾选"保留原始源对象"和"保留原目标对象"），得到所需图形。

step 30　将step29的图形缩小后放到step26的图形上面。

step 31　利用贝塞尔工具绘制出拉锁头。

step 32　把step31的图形放到step30的图形下面，再利用贝塞尔工具进行绘制出蓝色环带。

step 33　把step32的图形放到step24的图形上面，完成拉锁的绘制。

step 34　把step33的图形放到step21的图形上面。

step35　　　step36

step 35　选择贝塞尔工具，按住Ctrl键绘制垂直线。

step 36　按Ctrl键水平复制一条直线。

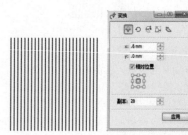

step 37　接着按Ctrl+D进行复制，得到所需图形（或者执行"排列>变换>位置"命令也可以，在Chapter06中有详细介绍）。

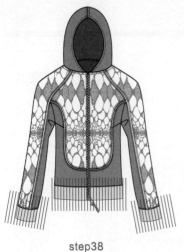

step38 把step37的图形放到step34的图形上面，调整好位置，得到所需图形。

step39 将step38中的红色线条群组后作为来源对象，绿色图形作为目标对象，执行"相交"命令，（不勾选"保留原始源对象"，勾选"保留原目标对象"），完成正面的设计。

step38   step39

7.1.2 兜帽运动夹克的背面设计与表现

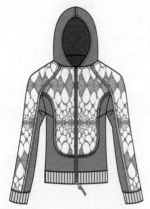

step 40 复制step39的全部图形。

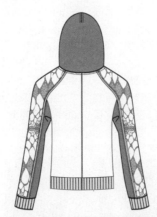

step 41 删除不必要的图形与线条，得到所需图形。

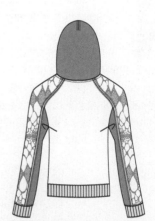

step 42 选用step41中的红色图形作为来源对象，紫色图形作为目标对象，执行"焊接"命令（不勾选"保留原始源对象"和"保留原目标对象"），得到所需图形。

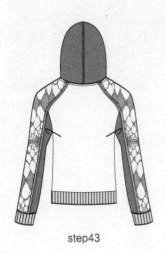

step43

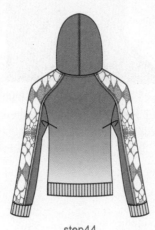

step44

step 43 利用形状工具调整兜帽的分割线，得到所需图形。

step 44 利用渐变填充工具对夹克后片进行填充，完成背面的设计。

7.2 侧边拼接运动裤的设计与表现

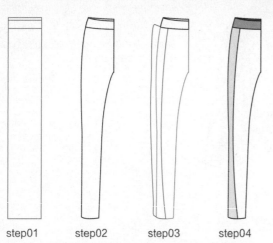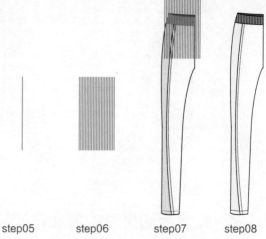

step01　　　step02　　　step03　　　step04　　　step05　　　step06　　　step07　　　step08

step 01　　利用矩形工具拖曳绘制出矩形形状，然后转换为曲线。

step 02　　利用形状工具增加节点，调整得到所需图形。

step 03　　用利用贝塞尔工具绘制出红色图形。

step 04　　执行"窗口>泊坞窗>造形"命令，打开造形面板，选用step03中的绿色图形作为来源对象，红色图形作为目标对象，执行"相交"命令（勾选"保留原始源对象"，不勾选"保留原目标对象"），填上颜色，得到所需图形。

step 05　　选择贝塞尔工具，按住Ctrl键绘制出一条垂直线。

step 06　　再按住Ctrl键复制一条垂直线，接着按Ctrl+D进行复制，得到所需图形，并将其群组。

step 07　　把step06的图形放到step04的图形的合适位置。

step 08　　选用step07中的绿色图形作为来源对象，群组后的红色线条作为目标对象，执行"修剪"命令（勾选"保留原始源对象"，不勾选"保留原目标对象"），得到所需图形。

step 09　利用矩形工具拖曳绘制出矩形形状。

step 10　利用渐变填充工具绘制出从深蓝到浅蓝的渐变色。

step 11　利用贝塞尔工具绘制出红色图形。

step 12　利用透明度工具对step11的红色图形进行填充，得到所需效果。

step 13　利用step11到step12的相同方法绘制出多个有透明变化的图形，并将其群组。

step 14　把step13的全部图形排列到step08的后面，得到所需图形。

| step15 | step16 | step17 | step18 | step19 |

step 15　选用step14中的红色图形作为来源对象，群组后的渐变图形作为目标对象，执行"相交"命令（勾选"保留原始源对象"，不勾选"保留原目标对象"），得到所需图形。

step 16　全选step15的图形，按Ctrl键做镜像复制并水平移动到合适位置，得到所需图形。

step 17　选用step16中的红色图形作为来源对象，绿色作为目标对象，执行"焊接"命令（不勾选"保留原始源对象"和"保留原目标对象"），利用相同方法处理裤子的其他部分，得到所需图形。

step 18　利用贝塞尔工具绘制出红色的实线和虚线。

step 19　利用椭圆形工具拖曳绘制出椭圆形状，表现出环孔；利用贝塞尔工具绘制出系带，完成裤子的设计。

7.3　兜帽无袖夹克的设计与表现

7.3.1　兜帽无袖夹克的正面设计与表现

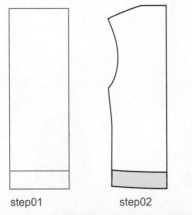
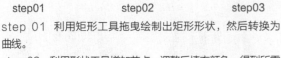
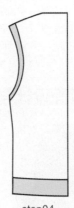
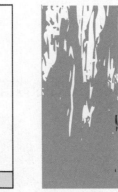

| step01 | step02 | step03 | step04 | step05 | step06 |

step 01　利用矩形工具拖曳绘制出矩形形状，然后转换为曲线。

step 02　利用形状工具增加节点，调整后填充颜色，得到所需图形。

step 03　利用贝塞尔工具绘制出红色图形。

step 04　执行"窗口>泊坞窗>造形"命令，打开造形面板，选用step03中的绿色图形作为来源对象，红色图形作为目标对象，执行"相交"命令（勾选"保留原始源对象"，不勾选"保留原目标对象"），填上颜色，得到所需图形。

step 05　利用贝塞尔工具绘制出图案，然后填充颜色，得到所需图形。

step 06　按照step05相同的方法继续绘制图案，利用透明度工具填充颜色，得到所需图形。

| step07 | step08 | step09 | step10 |

step 07　选中step06的全部图形，执行"排列>群组"命令，将其排列到step04后面，得到所需图形。

step 08　选用step07中的红色图形作为来源对象，群组后的图案作为目标对象，执行"相交"命令（勾选"保留原始源对象"，不勾选"保留原目标对象"），得到所需图形。

step 09　按Ctrl键做镜像复制，得到所需图形。

step 10　选用step09中的红色图形作为来源对象，绿色图形作为目标对象，执行"焊接"命令（不勾选"保留原始源对象"和"保留原目标对象"），得到所需图形。

step 11　利用贝塞尔工具按住Ctrl键绘制垂直线，然后按住Ctrl键复制一条垂直线，接着按Ctrl+D进行复制，得到所需图形，并将其群组。

step 12　选用step11中群组后的红色线条作为来源对象，绿色图形作为目标对象，执行"相交"命令（不勾选"保留原始源对象"，勾选"保留原目标对象"），得到所需图形。

step 13　复制在兜帽运动夹克中绘制的拉链和兜帽，放到step12的图形上面，调整好位置，完成正面的设计。

7.3.2　兜帽无袖夹克的背面设计与表现

| step14 | step15 | step16 | step17 |

step 14 复制step13的全部图形。

step 15 删除不必要的图形与线条，得到所需图形。

step 16 选用step15中的红色图形作为来源对象，橙色图形作为目标对象，执行"焊接"命令（不勾选"保留原始源对象"和

"保留原目标对象"），得到所需图形。

step 17 利用贝塞尔工具绘制出兜帽上的接缝线和虚线，完成背面的设计。

7.4 长袖运动T恤的设计与表现

7.4.1 长袖运动T恤的正面设计与表现

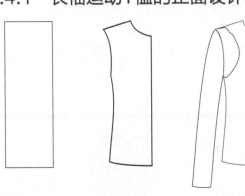

step01　　　　step02　　　　step03　　　　　　step04　　　　step05　　　　step06

step 01 利用矩形工具拖曳绘制出矩形形状，然后转换为曲线。

step 02 利用形状工具增加节点，调整得到所需图形。

step 03 利用贝塞尔工具绘制出红色图形。

step 04 执行"窗口>泊坞窗>造形"命令，打开造形面板，选用step03中的绿色图形作为来源对象，红色图形作为目标对

象，执行"相交"命令（勾选"保留原始源对象"，不勾选"保留原目标对象"），得到所需图形。

step 05 利用贝塞尔工具绘制出领子，然后填充颜色，得到所需图形。

step 06 利用渐变填充工具绘制出从浅蓝到白色的渐变色。

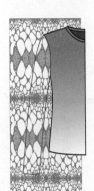

step07　　　　　　step08　　　　　　step09　　　　　　　step10　　　　　　　step11

step 07 复制在兜帽运动夹克中绘制的图案，将其排列到到step06的图形后面。

step 08 选用step07中的红色图形作为来源对象，从兜帽运动夹克中复制而来的图案作为目标对象，执行"相交"命令（勾选"保留原始源对象"，不勾选"保留原目标对象"），得到所需图形（注：图案要全部群组才能一次性操作）。

step 09 利用贝塞尔工具绘制出领口、袖窿和底摆的虚线。

step 10 选中step09的全部图形，按住Ctrl键做镜像复制，得到所需图形。

step 11 选用step10中的红色图形作为来源对象，绿色图形作为目标对象，执行"焊接"命令（不勾选"保留原始源对象"，和"保留原目标对象"），利用相同的方法处理服装的其他部分，完成正面的设计。

7.4.2 长袖运动T恤的背面设计与表现

step 12 复制step13的全部图形。

step 13 删除不必要的图形与线条，得到所需图形。

step 14 利用形状工具对领口进行调整，完成背面的设计。

7.5 印花运动裤的设计与表现

step 01 复制侧边拼接运动裤的最后完成图形。

step 02 删除掉侧边拼接的黄色图形与多余线条，完成设计。

7.6 运动短裤的设计与表现

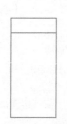    

step 01 利用矩形工具拖曳绘制出两个矩形形状，然后将其转换为曲线。

step 02 利用形状工具增加节点，调整得到所需图形。

step 03 利用贝塞尔工具绘制出腰头，填上颜色。

step 04 复制在侧边拼接运动裤案例中绘制的图案（step13的全部图形）。

step 05 选中step04的全部图形，单击属性栏的"垂直镜像"按钮，并将其排列到step03的后面。

| step06 | step07 | step08 | step09 | step10 |

step 06　执行"窗口>泊坞窗>造形"命令，打开造形面板，选用step05中的红色图形作为来源对象，图案作为目标对象，执行"相交"命令（勾选"保留原始源对象"，不勾选"保留原目标对象"），得到所需图形。

step 07　选中step06的全部图形，按Ctrl键做镜像复制，得到所需图形。

step 08　选用step07中的红色图形作为来源对象，黄色图形作为目标对象，执行"焊接"命令（不勾选"保留原始源对象"和"保留原目标对象"）；再选用step07中的紫色图形作为来源

对象，橙色图形作为目标对象，执行"焊接"命令（不勾选"保留原始源对象"和"保留原目标对象"），得到所需图形。

step 09　选择贝塞尔工具，按住Ctrl键绘制一条垂直线，然后按住Ctrl键移动复制一条直线，接着按Ctrl+D进行复制，并将所有直线群组。

step 10　选用step09中的绿色图形作为来源对象，红色线条作为目标对象，执行"相交"命令（勾选"保留原始源对象"，不勾选"保留原目标对象"），完成设计。

7.7　立领插肩袖运动夹克的设计与表现

7.7.1　立领插肩袖运动夹克的正面设计与表现

    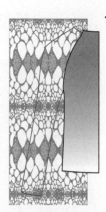

| step01 | step02 | step03 | step04 | step05 |

step 01　利用矩形工具拖曳绘制出矩形形状，然后转换为曲线。

step 02　利用形状工具增加节点，调整得到所需图形。

step 03　利用贝塞尔工具绘制出绿色图形。

step 04　执行"窗口>泊坞窗>造形"命令，打开造形面板，选用step03中的红色图形作为来源对象，绿色图形作为目标对

象，执行"修剪"命令（勾选"保留原始源对象"，不勾选"保留原目标对象"），然后利用交互式渐变工具进行填充，得到所需图形。

step 05　复制在兜帽运动夹克中step15制作的图案，然后将其排列到step04的图形后面。

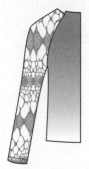   

| step06 | step07 | step08 | step09 |

step 06　选用step05中的红色图形作为来源对象，图案作为目标对象，执行"相交"命令（勾选"保留原始源对象"，不勾选"保留原目标对象"），得到所需图形。

step 07　利用贝塞尔工具绘制出黄色图形。

step 08　选用step07中的红色图形作为来源对象，黄色图形作为目标对象，执行"修剪"命令（勾选"保留原始源对象"，不勾选"保留原目标对象"），得到所需图形。

step 09　利用贝塞尔工具绘制出虚线，得到所需图形。

 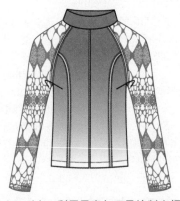 

step 10　全选step09的图形，按Ctrl键做镜像复制，得到所需图形。

step 11　利用贝塞尔工具绘制出领子，填上颜色，调整好位置，得到所需图形。

step 12　复制在兜帽运动夹克案例中制作的拉链，放到step11的图形上面，调整好位置，完成正面的设计。

7.7.2　立领插肩袖运动夹克的背面设计与表现

step13

step14

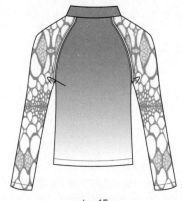

step15

step 13　复制step12的全部图形。

step 14　删除不必要的图形与线条，得到所需图形。

step 15　选用step14中的红色图形作为来源对象，绿色图形作为目标对象，执行"焊接"命令（不勾选"保留原始源对象"和"保留原目标对象"），并利用贝塞尔工具对后领的形状进行调整，完成背面的设计。

7.8 几何拼接运动裤的设计与表现

step 01 复制侧边拼接运动裤案例step19的全部图形。

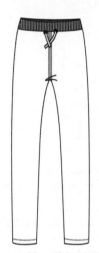

step 02 删除不必要的图形与线条，得到所需图形。

step 03 利用矩形工具拖曳绘制出矩形形状，再利用交互式填充工具进行填充（填充类型选择"辐射"）。

step 04 利用贝塞尔工具绘制出线条。

step 05 选中全部线条，右键单击调色板上的白色，将线条改为白色，然后利用透明度工具分别对线条做渐变透明填充，得到所需图形。

step 06 利用椭圆形工具拖曳绘制出圆形，填上白色，接着选择透明度工具将椭圆形外围调整透明（透明度类型选择"标准"）。

step 07 利用step06的相同方法绘制出多个有透明变化的椭圆形，将所有图形群组。

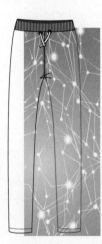

step 08 把step07的全部图形放到step02的图形下面。

step 09 执行"窗口>泊坞窗>造形"命令，打开造形面板，选用step08中的红色图形作为来源对象，群组后的图案作为目标对象，执行"相交"命令，（勾选"保留原始源对象"，不勾选"保留原目标对象"），得到所需图形。

step 10 利用step09相同的方法进行操作，得到所需图形。

step11   step12   step13   step14

step 11 利用贝塞尔工具绘制出橙色图形。

step 12 选用step11中的红色图形作为来源对象，橙色图形作为目标对象，执行"相交"命令，（勾选"保留原始源对象"，不勾选"保留原目标对象"），填上颜色，得到所需图形。

step 13 利用step12相同的方法进行操作，完成裤脚内侧的拼接图案，再将两块拼接图形镜像复制到裤子的另一侧，得到所需图形。

step 14 利用贝塞尔工具绘制出虚线，完成设计。

7.9 插肩短袖T恤的设计与表现

7.9.1 插肩短袖T恤的正面设计与表现

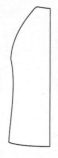

step01   step02   step03   step04   step05   step06   step07

step 01 利用矩形工具拖曳绘制出矩形形状，然后转换为曲线。

step 02 利用形状工具增加节点进行调整，得到所需图形。

step 03 利用贝塞尔工具绘制出绿色图形。

step 04 执行"窗口>泊坞窗>造形"命令，打开造形面板，选用step03中的红色图形作为来源对象，绿色图形作为目标对象，执行"修剪"命令（勾选"保留原始源对象"，不勾选"保留原目标对象"），然后利用交互式渐变工具进行填充。

step 05 利用贝塞尔工具绘制出绿色图形。

step 06 选用step05中的红色图形作为来源对象，绿色图形作为目标对象，执行"相交"命令（勾选"保留原始源对象"，不勾选"保留原目标对象"），填上颜色，得到所需图形。

step 07 利用贝塞尔工具绘制出领子的形状并填上颜色，得到所需图形。

step08   step09   step10

step08 选择贝塞尔工具，按住Ctrl键绘制一条垂直线，然后按住Ctrl键复制一条，接着按Ctrl+D进行复制，得到所需图形，并将其群组。

step09 选用step08中的红色图形作为来源对象，群组后的绿色线条作为目标对象，执行"相交"命令（勾选"保留原始源对象"，不勾选"保留原目标对象"），得到所需图形。

step10 利用贝塞尔工具绘制出绿色图形。

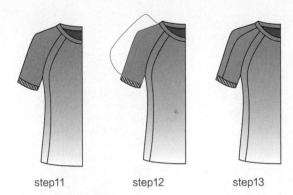

step11　选用step10中的红色图形作为来源对象，绿色图形作为目标对象，执行"相交"命令（勾选"保留原始源对象"，不勾选"保留原目标对象"），得到所需图形。

step12　利用贝塞尔工具绘制出绿色图形。

step13　选用step12中的红色图形作为来源对象，绿色图形作为目标对象，执行"相交"命令（勾选"保留原始源对象"，不勾选"保留原目标对象"），得到所需图形。

step11　　　　　step12　　　　　step13

step14　　　　　　step15　　　　　step16　　　　　step17

step 14　复制在兜帽运动夹克案例中制作的图案，将其排列到step13的图形后面。

step 15　选用step14中的红色图形作为来源对象，图案作为目标对象，执行"相交"命令（勾选"保留原始源对象"，不勾选"保留原目标对象"），得到所需图形。

step 16　利用贝塞尔工具绘制出T恤的镶边线，填上颜色，得到所需图形。

step 17　利用贝塞尔工具绘制出线条，在属性栏上的线条样式中选择合适的虚线，得到所需图形。

step 18　选中step17的全部图形，按Ctrl键做镜像复制，得到所需图形。

step 19　选用step18中的红色图形作为来源对象，绿色图形作为目标对象，执行"焊接"命令（勾选"保留原始源对象"，不勾选"保留原目标对象"），利用相同方法处理领子等其他服装局部，完成正面的设计。

7.9.2 插肩短袖T恤的背面设计与表现

step 19 复制step18的全部图形。

step 20 删除不必要的图形与线条，得到所需图形。

step 21 利用形状工具对分割线进行调整，完成背面的设计。

7.10 搭片式运动短裙的设计与表现

7.10.1 搭片式运动短裙的正面设计与表现

| step01 | step02 | step03 | step04 | step05 |

step 01 利用矩形工具拖曳绘制出矩形形状，然后转换为曲线。

step 02 利用形状工具增加节点并对外形进行调整，得到所需图形。

step 03 利用贝塞尔工具绘制出裙头，填上颜色，得到所需图形。

step 04 复制在几何拼接运动裤案例中制作的图案，将其排列到step03的后面，得到所需图形。

step 05 执行"窗口>泊坞窗>造形"命令，打开造形面板，选用step04中的红色图形作为来源对象，图案作为目标对象，执行"相交"命令（勾选"保留原始源对象"，不勾选"保留原目标对象"），得到所需图形。

| step06 | step07 | step08 | step09 | step10 |

step 06 利用贝塞尔工具绘制出绿色图形。

step 07 选用step05中的红色图形作为来源对象，绿色图形作为目标对象，执行"相交"命令（勾选"保留原始源对象"，不勾选"保留原目标对象"），填上颜色，并利用矩形工具拖曳绘制出细条状的矩形形状，填上颜色，得到所需图形。

step 08 选择贝塞尔工具，按住Ctrl键绘制一条垂直线，然后按住Ctrl键复制一条，接着按Ctrl+D进行复制，并将其编组。

step 09 选用step08中的红色图形作为来源对象，绿色线条作为目标对象，执行"相交"命令（勾选"保留原始源对象"，不勾选"保留原目标对象"），得到所需图形。

step 10 利用贝塞尔工具绘制出虚线，完成正面的设计。

7.10.2 搭片式运动短裙的背面设计与表现

step 11 复制step10的全部图形。

step 12 删除不必要的图形与线条,得到所需图形。

step 13 利用形状工具对其进行调整,得到所需图形。

step 14 利用贝塞尔工具绘制出红色图形。

step 15 填上颜色,执行"排列>顺序>到页面后面"命令,完成背面的设计。

7.11 不对称拼接运动T恤的设计与表现

| step01 | step02 | step03 | step04 |

step 01 复制长袖运动T恤案例的正面全部图形。

step 02 删除不必要的图形与线条,得到所需图形。

step 03 利用贝塞尔工具绘制出绿色图形。

step 04 执行"窗口>泊坞窗>造形"命令,打开造形面板,选用step03中的红色图形作为来源对象,绿色图形作为目标对象,执行"相交"命令(勾选"保留原始源对象",不勾选"保留原目标对象"),再利用贝塞尔工具绘制出绿色图形。

 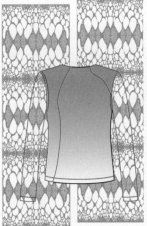 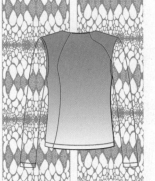 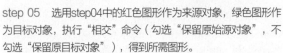  

| step05 | step06 | step07 | step08 |

step 05 选用step04中的红色图形作为来源对象,绿色图形作为目标对象,执行"相交"命令(勾选"保留原始源对象",不勾选"保留原目标对象"),得到所需图形。

step 06 复制兜帽运动夹克案例中制作的图案,将其排列到step06的后面,得到所需图形。

step 07 选用step06中的红色图形作为来源对象,图案作为目标对象,执行"相交"命令(勾选"保留原始源对象",不勾选"保留原目标对象"),得到所需图形。

step 08 利用贝塞尔工具绘制出红色图形和虚线。

step 09　利用贝塞尔工具绘制出领子并填上色，完成正面的设计。

step 10　复制step09的全部图形。

step 11　删除不必要的图形与线条，得到所需图形。

step 12　利用形状工具对领子的细节进行调整，完成背面的设计。

7.12　五分运动裤的设计与表现

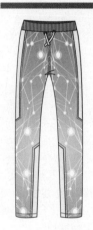

step01

step02

step03

step04

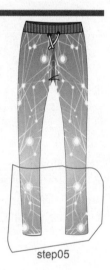

step05

step 01　复制几何拼接运动裤案例的正面全部图形。

step 02　删除不必要的图形与线条，得到所需图形。

step 03　利用形状工具对裤形进行调整，得到所需图形。

step 04　执行"窗口>泊坞窗>造形"命令，打开造形面板，选

用step03中的红色图形作为来源对象，图案作为目标对象，执行"相交"命令（勾选"保留原始源对象"，不勾选"保留原目标对象"），然后执行"排列>群组"命令，得到所需图形。

step 05　利用贝塞尔工具绘制出红色图形。

step06

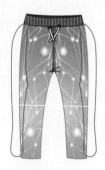

step07

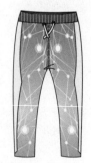

step08

step 06　执行"窗口>泊坞窗>造形"命令，打开造形面板，选用step05中的红色图形作为来源对象，step04中的群组图形作为目标对象，执行"修剪"命令（不勾选"保留原始源对象"和"保留原目标对象"），执行"排列>取消群组"命令，得到所需图形。

step 07　利用贝塞尔工具绘制出红色图形。

step 08　选用step07中的红色图形作为来源对象，绿色图形作为目标对象，执行"相交"命令（不勾选"保留原始源对象"，勾选"保留原目标对象"），得到所需图形。

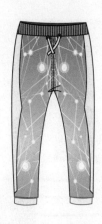

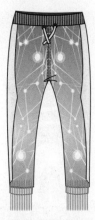

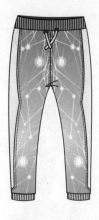

step 09 利用贝塞尔工具绘制出红色图形，填上颜色，得到所需的图形。

step 10 利用贝塞尔工具按住Ctrl键绘制一条垂直线，再按住Ctrl键复制一条，接着按Ctrl+D进行复制，得到所需图形。

step 11 选用step10中的红色图形作为来源对象，绿色图形作为目标对象，执行"相交"命令（勾选"保留原始源对象"，不勾选"保留原目标对象"），利用贝塞尔工具绘制出虚线，完成正面的设计。

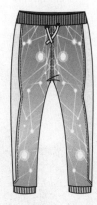

step 12 复制step11的全部图形。

step 13 删除掉不必要的图形与线条，完成背面的设计。

小结

　　本章节主要运用渐变填充工具表现出颜色的渐变效果。渐变填充工具的运用和透明度工具的运用，有时候会形成相同的结果，要注意把两者的操作区分开。

Chapter 08 男装的设计与表现

　　和款式多变的女装相比，男装要表现出男性的内在气质和阳刚之美，在服装廓形上简洁、大方，注重工艺的细节，面料质地讲究，色彩多数选择低明度和低纯度的搭配方式。不过，这几年男装和女装都向着中性化发展，色彩艳丽、面料薄透、款式修身等的男装在T台上比比皆是。然而，在传统的男装设计中，仍然主要考虑面料的搭配并在工艺细节上做文章。

　　由于运动装主题元素盛行，尤其是受到男装品牌Moncler Game Bleu别出心裁的发布会的影响，激发了设计师的灵感。本章的案例设计来自于对都市运动风的重新演绎，运动与未来主义相互碰撞交融，带来美妙的视觉享受。在近几年的男装流行趋势中，运动装在廓形的设计上有很大的改变，这也促使设计师能够大胆地进行创作。本系列男装主要以"线"作为主要的设计元素，来源于飞机飞行的轨迹和太空轨道，并借鉴了飞机和火箭等现代科技物体的造型，体现出男性对运动的酷爱。

8.1 兜帽套头衫的设计与表现

8.1.1 兜帽套头衫的正面设计与表现

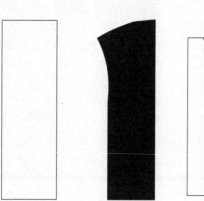

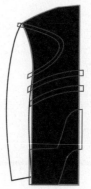

step01　　　　　step02　　　　　step03　　　　　step04　　　　　step05　　　　　step06

step 01　利用矩形工具拖曳绘制出矩形形状，然后将其转换为曲线。

step 02　将衣片填上颜色，利用形状工具增加节点，调整得到所需图形。

step 03　再次利用矩形工具拖曳绘制出矩形形状，然后转换为曲线。

step 04　将袖子填充上白色，利用形状工具增加节点，调整得到所需图形。

step 05　利用贝塞尔工具绘制出红色图形，并将其群组。

step 06　执行"窗口>泊坞窗>造形"命令，打开造形面板，选用step05中的红色图形作为来源对象，绿色图形作为目标对象，执行"相交"命令（不勾选"保留原始源对象"，勾选"保留原目标对象"），填上白色，得到所需图形。

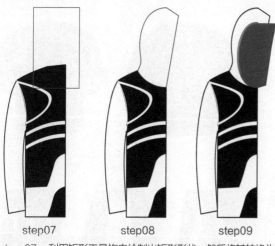

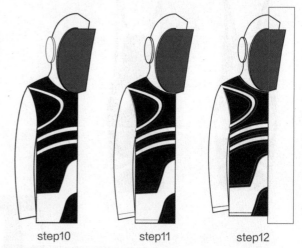

step07　　　　　step08　　　　　step09　　　　　step10　　　　　step11　　　　　step12

step 07　利用矩形工具拖曳绘制出矩形形状，然后将其转换为曲线。

step 08　将兜帽填充上白色，利用形状工具增加节点，调整得到所需图形。

step 09　利用贝塞尔工具绘制出红色图形，填上颜色，得到所需图形。

step 10　利用椭圆工具拖曳绘制出椭圆形形状，填上白色，得到所需图形。

step 11　利用贝塞尔工具绘制出实线，然后在属性栏上的线条样式里选择合适的虚线，将鼠标移动到调色盘的白色上单击鼠标右键，改变线条的颜色，然后全选图形，执行"排列>群组"命令，到所需图形。

step 12　利用矩形工具拖曳绘制出红色矩形。

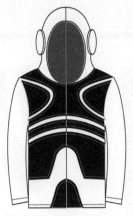
step13

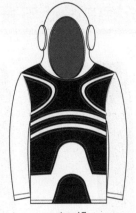
step14

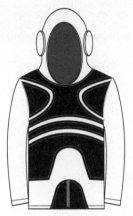
step15

step16

step 13　选用step12中的红色矩形作为来源对象，群组后的图形作为目标对象，执行"修剪"命令（不勾选"保留原始源对象"和"保留原目标对象"），得到所需图形。

step 14　全选step13的图形，按Ctrl键做镜像复制，执行"排列>取消群组"命令，得到所需图形。

step 15　选用step14中的红色图形作为来源对象，蓝色图形作为目标对象，执行"焊接"命令（不勾选"保留原始源对

象"和"保留原目标对象"）；再选用step14中的黄色图形作为来源对象，绿色图形作为目标对象，执行"焊接"命令（不勾选"保留原始源对象"和"保留原目标对象"），得到所需图形。

step 16　利用贝塞尔工具绘制出实线，然后在属性栏上的线条样式里选择合适的虚线并更改虚线的颜色，完成正面的设计。

8.1.2　兜帽套头衫的背面设计与表现

step17

step18

step19

step20

step 17　复制step16的全部图形。

step 18　删除不必要的图形与线条，得到所需图形。

step 19　利用形状工具修改step18的红色图形。

step 20　选用step19中的红色图形作为来源对象，绿色图形作为目标对象，执行"相交"命令（不勾选"保留原始源对象"，勾选"保留原目标对象"），完成背面的设计。

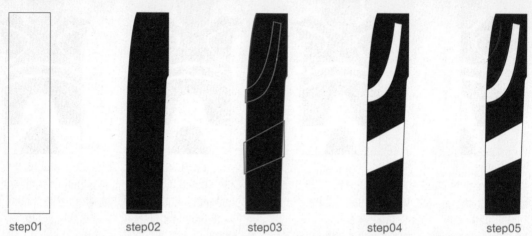

step01 step02 step03 step04 step05

step 01 利用矩形工具拖曳绘制出矩形形状，然后转换为曲线。

step 02 填上颜色，利用形状工具增加节点，调整得到所需图形。

step 03 利用贝塞尔工具绘制出绿色图形并将其群组。

step 04 执行"窗口>泊坞窗>造形"命令，打开造形面板，选用step03中的绿色图形作为来源对象，红色图形作为目标对象，执行"相交"命令（不勾选"保留原始源对象"，勾选"保留原目标对象"），填上颜色，得到所需图形。

step 05 利用贝塞尔工具绘制出实线，然后在属性栏上的线条样式里选择合适的虚线，将鼠标移动到调色盘的白色上单击鼠标右键，改变线条的颜色，得到所需图形。

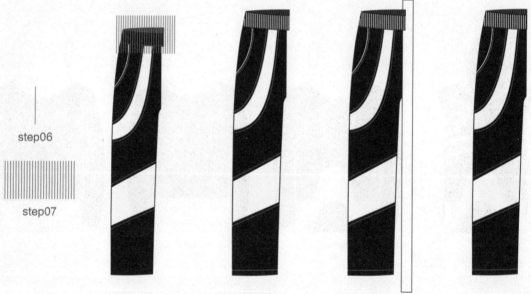

step06

step07

step 06 利用贝塞尔工具绘制出绿色线条。

step 07 用挑选工具选中绿色线条，按住Ctrl键水平移动复制一条，然后按Ctrl+D键进行复制，再将其群组。

step 08 利用矩形工具拖曳绘制出矩形形状，将其转换为曲线，再利用形状工具进行调整，然后把step07的绿色线条放到合适的位置，得到所需图形。

step 09 将step08中的绿色线条作为来源对象，红色图形作为目标对象，执行"修剪"命令（不勾选"保留原始源对象"，勾选"保留原目标对象"），得出所需图形。

step 10 全选step09的图形，执行"排列>群组"命令，再利用矩形工具拖曳绘制出红色矩形。

step 11 选用step10中的红色矩形作为来源对象，群组后的图形作为目标对象，执行"修剪"命令（不勾选"保留原始源对象"和"保留原目标对象"），得到所需图形。

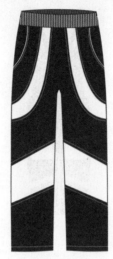
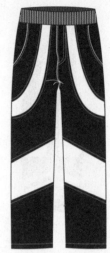

step12　　　　　　　　　　step13　　　　　　　　　　step14

step 12　选中step11的全部图形，按Ctrl键做镜像复制，得到所需图形，再执行"排列>取消群组"命令。

step 13　选用step12中的红色图形作为来源对象，黄色图形作为目标对象，执行"焊接"命令（不勾选"保留原始源对象"和"保留原目标对象"）；选用step12中的绿色图形作为来源对象，紫色图形作为目标对象，执行"焊接"命令（不勾选"保留原始源对象"和"保留原目标对象"），得到所需图形。

step 14　利用贝塞尔工具绘制出裤子的门襟，完成设计。

8.3　背带长裤的设计与表现

8.3.1　背带长裤的正面设计与表现

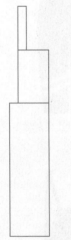

step 01　利用矩形工具拖曳绘制出矩形形状，然后转换为曲线。

step 02　填上颜色，利用形状工具增加节点，调整得到所需图形。

step 03　再次利用矩形工具拖曳绘制出矩形形状，然后转换为曲线。

step 04　将各图形分别填上颜色，利用形状工具增加节点，调整得到所需图形。

step 05　利用贝塞尔工具绘制出实线，然后在属性栏上的线条样式里选择合适的虚线，将鼠标移动到调色盘的白色上单击鼠标右键，填充轮廓线的颜色，得到所需图形。

| step06 | step07 | step08 |

step 06　选中step05的全部图形，按Ctrl键做镜像复制，得到所需图形。

step 07　执行"窗口>泊坞窗>造形"命令，打开造形面板，选用step06中的红色图形作为来源对象，黄色图形作为目标对象，执行"焊接"命令（不勾选"保留原始源对象"和"保留原目标对象"），利用相同的方法处理裤子的其他部位。

step 08　利用贝塞尔工具绘制出实线，在调色盘上单击鼠标右键填充轮廓线的颜色，完成正面的设计。

8.3.2　背带长裤的背面设计与表现

step 09　复制step08的全部图形。

step 10　删除不必要的图形与线条，得到所需图形。

step 11　利用形状工具对背带进行调整，得到所需图形。

step 12　利用矩形工具拖曳绘制出矩形形状，然后转换为曲线。

step 13　填上颜色，利用形状工具增加节点进行调整，再利用贝塞尔工具绘制出虚线，表现出后袋。

step 14　选中后袋，按住Ctrl键水平移动复制，完成背面的设计。

8.4 立领套头T恤的设计与表现

 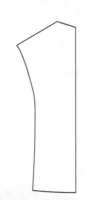 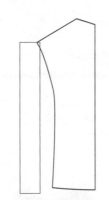 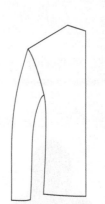 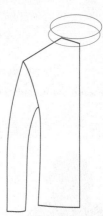

step 01 利用矩形工具拖曳绘制出矩形形状，然后将其转换为曲线。

step 02 利用形状工具增加节点，调整得到所需图形。

step 03 再次利用矩形工具拖曳绘制出矩形形状，然后转换为曲线。

step 04 利用形状工具增加节点，调整得到所需图形。

step 05 利用椭圆型工具拖曳绘制出椭圆形形状。

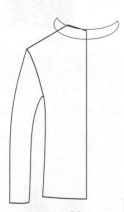 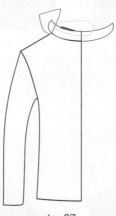 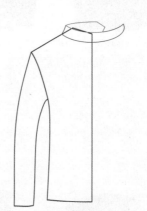 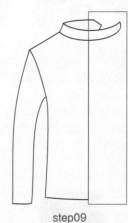

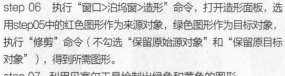

step06　　　　　step07　　　　　step08　　　　　step09

step 06 执行"窗口>泊坞窗>造形"命令，打开造形面板，选用step05中的红色图形作为来源对象，绿色图形作为目标对象，执行"修剪"命令（不勾选"保留原始源对象"和"保留原目标对象"），得到所需图形。

step 07 利用贝塞尔工具绘制出绿色和黄色的图形。

step 08 选用step07中的绿色图形作为来源对象，红色图形作为目标对象，执行"修剪"命令（不勾选"保留原始源对象"和"保留原目标对象"），利用相同方法对黄色图形进行操作，得到所需图形。

step 09 全选step08，执行"排列>群组"命令，再利用矩形工具拖曳绘制出矩形形状。

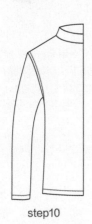 

step10　　　　　　　　　　step11　　　　　　　　　　step12

step10 选用step09中的红色矩形作为来源对象，群组后的图形作为目标对象，执行"修剪"命令（不勾选"保留原始源对象"和"保留原目标对象"），接着利用贝塞尔工具绘制出虚线，得到所需图形。

step11 选用step10的全部图形，按Ctrl键做镜像复制，得到所需图形，然后执行"排列>取消群组"命令。

step12 选用step11中的红色图形作为来源对象，黄色图形作为目标对象，执行"焊接"命令（不勾选"保留原始源对象"和"保留原目标对象"），利用相同的方法对领子进行操作，完成设计。

8.5 无领套头衫的设计与表现

8.5.1 无领套头衫的正面设计与表现

step01

step02

step03

step04

step05

step 01 复制兜帽套头衫案例step16的全部图形。

step 02 删除不必要的图形与线条，得到所需图形。

step 03 执行"窗口>泊坞窗>造形"命令，打开造形面板，选用step02中的红色图形作为来源对象，绿色图形作为目标对象，执行"修剪"命令（不勾选"保留原始源对象"和"保留原目标对象"），得到所需图形。

step 04 利贝塞尔工具绘制出蓝色和绿色的图形，填上颜色。

step 05 选用step04中的红色图形作为来源对象，蓝色图形作为目标对象，执行"焊接"命令，（不勾选"保留原始源对象"和"保留原目标对象"），把袖子的颜色填充为白色，得到所需图形。

step06

step07

step08

step09

step10

step 06 利用贝塞尔工具绘制出红色图形。

step 07 选用step06中的红色图形作为来源对象，绿色图形作为目标对象，执行"相交"命令，（不勾选"保留原始源对象"，勾选"保留原目标对象"），填上颜色，再利用贝塞尔工具绘制出虚线，得到所需图形。

step 08 利用贝塞尔工具绘制出红色图形，并填上颜色。

step 09 选中step08的全部图形，执行"排列>群组"命令，再利用矩形工具拖曳绘制出红色矩形，得到所需图形。

step 10 选用step09中的红色矩形作为来源对象，群组后的图形作为目标对象，执行"修剪"命令（不勾选"保留原始源对象"和"保留原目标对象"），得到所需图形。

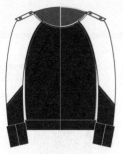

| step11 | step12 | step13 | step14 |

step 11 选中step10的全部图形，按Ctrl键做镜像复制，得到所需图形。

step 12 选用step11中的红色图形作为来源对象，黄色图形作为目标对象，执行"焊接"命令（不勾选"保留原始源对象"和"保留原目标对象"）；再选用step11中的绿色图形作为来源对象，蓝色图形作为目标对象，执行"焊接"命令（不勾选"保留原始源对象"和"保留原目标对象"），得到所需图形。

step 13 利用贝塞尔工具绘制出红色图形并将其群组。

step 14 用step13中的红色图形作为来源对象，绿色图形作为目标对象，执行"相交"命令（不勾选"保留原始源对象"，勾选"保留原目标对象"），填充上白色，绘制出虚线并改为白色，完成正面的设计。

8.5.2 无领套头衫的背面设计与表现

step 15 复制step14的全部图形。

step 16 删除不必要的图形与线条，得到所需图形。

step 17 利用形状工具对衣片和袖子进行调整，得到所需图形。

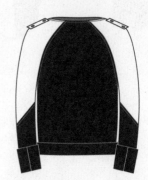

step 18 利用贝塞尔工具绘制出红色图形。

step 19 选用step18中的红色图形作为来源对象，绿色图形作为目标对象，执行"修剪"命令（不勾选"保留原始源对象"和"保留原目标对象"），得到所需图形。

step 20 利用形状工具调整step19中的红色图形，接着利用贝塞尔工具绘制出虚线，完成背面的设计。

8.6 五分短裤的设计与表现

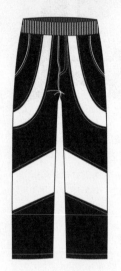

step01

step02

step03

step04

step05

step 01 复制拼接宽松长裤案例step14的全部图形。

step 02 删除不必要的图形与线条，得到所需图形。

step 03 利用贝塞尔工具绘制出红色图形。

step 04 执行"窗口>泊坞窗>造形"命令，打开造形面板，选用step03中的红色图形作为来源对象，绿色图形作为目标

对象，执行"修剪"命令（"保留原始源对象"和"保留原目标对象"），得到所需图形。

step 05 利用形状工具增加节点，对step04中的绿色图形进行调整。

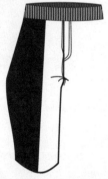

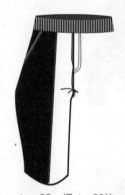

step10　step11

step 06 利用贝塞尔工具绘制出红色图形。

step 07 选用step06中的红色图形作为来源对象，绿色图形作为目标对象，执行"相交"命令（不勾选"保留原始源对象"，勾选"保留原目标对象"），填上白色，得到所需图形。

step 08 绘制拉链（也可参考P100的案例）：利用贝塞尔工具绘制出直线，在属性栏上的线条样式里选择合适的虚线，再复制一条虚线，然后把两条虚线错位，得到所需图形。

step 09 把step08的图形放到裤腿合适的位置上，得到所需图形。

step 10 利用贝塞尔工具绘制出红色图形并填上颜色。

step 11 利用矩形工具拖曳绘制出矩形形状，得到所需图形。

step12　　　　　step13　　　　　step14　　　　　　　step15　　　step16　　　step17

step 12　在属性栏上的圆角样式里输入数值，调整矩形的角为圆角，得到所需图形。

step 13　选用step12中的红色图形作为来源对象，绿色图形作为目标对象，执行"焊接"命令（不勾选"保留原始源对象"和"保留原目标对象"），稍微调整下角度，得到所需图形。

step 14　利用step12到step13相同的方法进行编辑，得到所需图形。

step 15　利用贝塞尔工具绘制出红色图形，并填上颜色。

step 16　利用椭圆形工具拖曳绘制出椭圆形形状，得到所需图形。

step 17　选用step16中的红色图形作为来源对象，绿色图形作为目标对象，执行"修剪"命令（不勾选"保留原始源对象"和"保留原目标对象"），得到所需图形。

  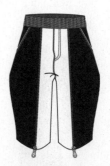

step18　　　　　　　step19　　　　　　　　step20　　　　　　step21

step 18　利用step15到step17相同的方法进行编辑绘制，调整排列顺序，得到所需图形。

step 19　把画好的拉链头调整好大小，放到step09拉链口的位置，得到所需图形。

step 20　选中裤腿，按住Ctrl做镜像复制，得到所需图形。

step 21　选用step20中的红色图形作为来源对象，绿色图形作为目标对象，执行"焊接"命令（不勾选"保留原始源对象"和"保留原目标对象"），完成设计。

8.7　短袖套头T恤的设计与表现

8.7.1　短袖套头T恤的正面设计与表现

step01　　　　　　　step02　　　　　　　step03　　　　　　step04

step 01　复制兜帽套头衫案例step16的全部图形。

step 02　删除不必要的图形与线条，得到所需图形。

step 03　利用贝塞尔工具绘制出红色图形。

step 04　执行"窗口>泊坞窗>造形"命令，打开造形面板，选

用step03中的红色图形作为来源对象，绿色图形作为目标对象，执行"修剪"命令（不勾选"保留原始源对象"和"保留原目标对象"），得到所需图形。

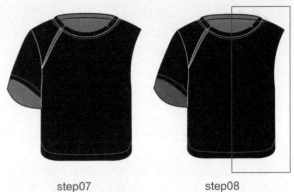

step05   step06   step07   step08

step 05　利贝塞尔工具绘制出红色。

step 06　执行"窗口>泊坞窗>造形"命令，打开造形面板，选用step05中的红色图形作为来源对象，绿色图形作为目标对象，执行"修剪"命令（不勾选"保留原始源对象"和"保留原

目标对象"），得到所需图形。

step 07　利贝塞尔工具绘制出绿色图形，选中step07的全部图形，执行"排列>群组"命令。

step 08　利用矩形工具拖曳绘制出矩形形状。

step09   step10   step11   step12

step 09　选用step08中的红色矩形作为来源对象，群组后的图形作为目标对象，执行"修剪"命令，（不勾选"保留原始源对象"和"保留原目标对象"），得到所需图形。

step 10　按Ctrl键做镜像复制，得到所需图形。

step 11　执行"排列>取消群组"，再选用step10中的红

色图形作为来源对象，黄色图形作为目标对象，执行"焊接"命令（不勾选"保留原始源对象"和"保留原目标对象"），利用相同方法处理服装的其他部位，得到所需图形。

step 12　利用贝塞尔工具绘制出飞机的造型。

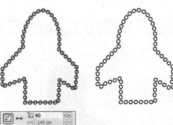

step13   step14   step15   step16   step17

step 13　选中step12的图形后，按住Shift键向内拖曳，到适当大小时单击右键复制，得到所需图形。

step 14　利用椭圆形工具拖曳绘制出两个椭圆形形状。

step 15　选择调和工具，按鼠标左键从准绿色图形拖曳到红色圆形，然后松开鼠标，得到所需图形。

step 16　选中step15的图形，然后在属性栏上的调和样式里将路径属性选择为"新路径"，将鼠标对准step12的飞机形状最外侧线条，单击鼠标后，椭圆就会沿飞机外形排列。再根据疏密的需要调整调和对象的数值。

step 17　在属性栏上的调和样式里执行"更多调和选项>拆分"命令，然后删除step16中的红色线条，得到所需图形。

step 18　按照step15到step17的相同方法进行编辑，得到所需图形。

step 19　把绘制完成的step18的图形的轮廓线填充为白色，调整好大小，放置到服装上合适的位置，完成正面的设计。

8.7.2　短袖套头T恤的背面设计与表现

step20

step21

step22　　　　　　　　step23

step 20　复制step19的全部图形。

step 21　删除不必要的图形与线条，得到所需图形。

step 22　选用step21中的红色图形作为来源对象，绿色图形为目标对象，执行"焊接"命令（不勾选"保留原始源对象"和"保留原目标对象"），利用相同方法处理服装的其他部位。

step 23　利用形状工具对领口进行调整，得到所需图形。

step24

step25

step26　　　　　　　　step28

step 24　利用矩形工具拖曳绘制出矩形形状。

step 25　选用step24中的红色矩形作为来源对象，绿色图形作为目标对象，执行"修剪"命令（不勾选"保留原始源对象"和"保留原目标对象"），得到所需图形。

step 26　选中step25中的红色图形，按Ctrl键做镜像复制，得到所需图形。

step 27　选用step26中的红色图形作为来源对象，黄色图形作为目标对象，执行"焊接"命令（不勾选"保留原始源对象"和"保留原目标对象"）；再选用step26中的绿色图形作为来源对象，蓝色图形作为目标对象，执行"焊接"命令（不勾选"保留原始源对象"和"保留原目标对象"），完成背面的设计。

8.8 宽横纹长裤的设计与表现

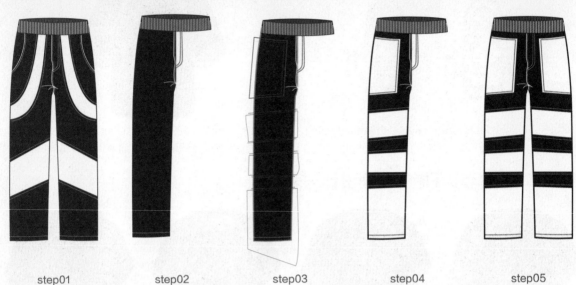

step01   step02   step03   step04   step05

step 01 复制拼接宽松长裤案例step14的全部图形。

step 02 删除不必要的图形与线条，得到所需图形。

step 03 利用贝塞尔工具绘制出红色图形，并将其群组。

step 04 执行"窗口>泊坞窗>造形"命令，打开造形面板，选用step03中的红色图形作为来源对象，绿色图形作为目标对象，执行"相交"命令（不勾选"保留原始源对象"，勾选"保留原目标对象"），填上颜色，得到所需图形。

step 05 选中裤子一侧的所有图形，按Ctrl键做镜像复制，调整排列顺序，完成设计。

8.9 兜帽开衫的设计与表现

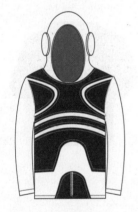

step01   step02   step03   step04

step 01 复制兜帽套头衫案例step16的全部图形。

step 02 删除不必要的图形与线条，得到所需图形。

step 03 利用贝塞尔工具绘制出红色、紫色和黄色图形。

step 04 执行"窗口>泊坞窗>造形"命令，打开造形面板，选用step03中的红色图形作为来源对象，绿色图形作为目标对象，执行"相交"命令（不勾选"保留原始源对象"，勾选"保留原目标对象"），利用相同方法对紫色图形进行操作，并将一侧的袖子填充上颜色。

step 05 选中step04中的红色图形，按 Ctrl键做镜像复制，调整到合适的位置，再利用贝塞尔工具绘制出虚线，完成正面的设计。

step 06 复制step05的全部图形。

step 06 删除不必要的图形，完成背面的设计。

8.10 竖条纹装饰长裤的设计与表现

step 01 复制宽横纹长裤案例step05的全部图形。

step 02 删除不必要的图形，然后用矩形工具拖曳绘制出矩形形状，放置到合适的位置，完成设计。

小结

在利用corelDRAW进行服装设计时，只要款式变化不大，可以将已经设计好的款式作为模板，进行适当的调整变形，就能成为一个新的款式。特别是在设计服装的背面时，更应该复制正面的图形，这样服装正面和背面的廓形才会一致，同时可以节省时间，提高工作效率。

亲子装一般是在家族集会或者家庭集体活动的时候穿着，在设计的时候要注意以家庭为单位，要考虑到家长和孩子不同年龄阶段的特点，既要满足孩子的心理爱好，也要让家长喜欢。在设计时，服装不要过于个性和另类，而要营造出温暖、和谐以及快乐的氛围。

本章案例的设计灵感来源于中国传统的百纳被，利用碎布一块块拼接组合成图案，希望孩子能健康、平安地成长，而不被娇生惯养。主色选择了近年的流行色——青色，传统又不失时尚。

9.1 男童镶拼衬衣的设计与表现

9.1.1 男童镶拼衬衣的正面设计与表现

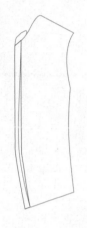 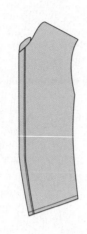 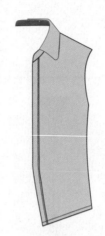 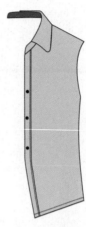 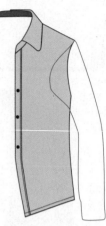

step 01 利用贝塞尔工具绘制出红色与绿色的图形。

step 02 填上颜色，再利用贝塞尔工具绘制出虚线，得到所需图形。

step 03 利用贝塞尔工具绘制出领子，填上颜色，得到所需图形。

step 04 利用椭圆形工具拖曳绘制出纽扣，填上颜色，得到所需图形。

step 05 利用贝塞尔工具绘制出袖子，得到所需图形。

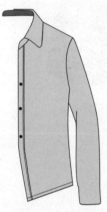 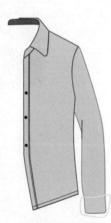  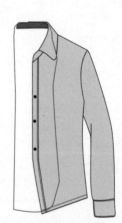 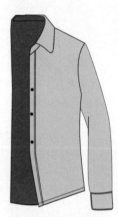

step 06 填上颜色，选中袖子，单击右键打开快捷菜单，执行"顺序>到图层后面"命令，得到所需图形。

step 07 利用贝塞尔工具绘制出袖口。

step 08 执行"窗口>泊坞窗>造形"命令，打开造形面板，选用step07中的红色图形作为来源对象，黄色图形作为目标对象，执行"相交"命令（勾选"保留原始源对象"，不勾选"保留原目标对象"），绘制出虚线，得到所需图形。

step 09 利用贝塞尔工具绘制出红色图形。

step 10 填上颜色，选中图形，单击右键打开快捷菜单，执行"顺序>到图层后面"命令，得到所需图形。

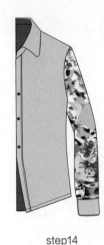

step11　　　　　　　　　　step12　　　　　　　　step13　　　　　　　step14

step 11　执行"文件>导入"命令，导入布料素材图片。

step 12　选择布料图片，执行"效果>图框精确剪裁>置于图文框内部"命令，当鼠标变为箭头形状时单击袖子，布料图片就会填充入袖子内部，得到所需图形。

step 13　选中step12的全部图形，执行"排列>群组"命令，利用矩形工具拖曳绘制出矩形。

step 14　选用step13中的红色矩形作为来源对象，群组后的图形作为目标对象，执行"修剪"命令（不勾选"保留原始源对象"和"保留原目标对象"），得到所需图形。

step13　　　　　　　　　step14　　　　　　　　step15

step 15　选中step14的全部图形，按Ctrl键做镜像复制，执行"排列>取消群组"命令，得到所需图形。

step 16　选用step15中的红色图形作为来源对象，黄色图形作为目标对象，执行"焊接"命令（不勾选"保留原始源对象"

和"保留原目标对象"）。利用相同方法，将橙色的图形与紫色的图形焊接，蓝色图形与绿色图形焊接（不勾选"保留原始源对象"和"保留原目标对象"），得到所需图形。

step 17　删除门襟处不必要的图形，得到所需图形。

step 18　利用形状工具对门襟处的形状进行调整，得到所需图形。

step 19　利用贝塞尔工具画出下层的门襟（红色图形）。

step 20　再次导入布料图片，选中布料图片后执行"效果>图框精确剪裁>置于图文框内部"命令，当鼠标变为箭头形状时单击step19的红色门襟，将布料图片填入其内部，完成正面的设计。

9.1.2 男童镶拼衬衣的背面设计与表现

step 21 复制step20的全部图形。

step 22 删除不必要的图形与线条，得到所需图形。

step 23 利用形状工具对衣片进行调整，得到所需图形。

step 24 选用step23中的黄色图形作为来源对象，蓝色图形和红色图形作为目标对象，执行"焊接"命令（不勾选"保留原始源对象"和"保留原目标对象"），得到所需图形。

step 25 利用贝塞尔工具画出红色图形，得到所需图形。

step 26 选用step25中的红色图形作为来源对象，黄色图形作为目标对象，执行"相交"命令（不勾选"保留原始源对象"，勾选"保留原目标对象"），完成背面的设计。

9.2 男童背带裤的设计与表现

step01

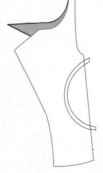

step02　　　　　step03

step04

step 01 利用贝塞尔工具绘制红色与绿色的图形。
step 02 将step01的图形分别填上颜色，得到所需图形。
step 03 利用贝塞尔工具绘制出红色图形。
step 04 执行"窗口>泊坞窗>造形"命令，打开造形面板，

选用step03中的红色图形作为来源对象，绿色图形作为目标对象，执行"相交"命令（不勾选"保留原始源对象"，勾选"保留目标对象"），得到所需图形。

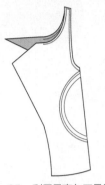   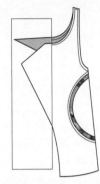

step 05　利用贝塞尔工具绘制出虚线。

step 06　执行"文件>导入"命令，导入布料素材图片。

step 07　选择布料图片，执行"效果>图框精确剪裁>置于图文框内部"命令，当鼠标变为箭头形状时单击step05的红色图形，得到所需图形。

step 08　选中step07的全部图形，执行"排列>群组"命令，再利用矩形工具拖曳绘制出矩形，得到所需图形。

 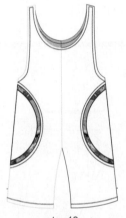  

step09　　　　　step10　　　　　step11　　　　　step12

step 09　选用step08中的红色矩形作为来源对象，群组后的图形作为目标对象，执行"修剪"命令（不勾选"保留原始源对象"和"保留原目标对象"），得到所需图形。

step 10　选中step09的全部图形，按Ctrl键做镜像复制，执行"排列>取消群组"命令，得到所需图形。

step 11　选用step10中的红色图形作为来源对象，黄色图形作为目标对象，执行"焊接"命令（不勾选"保留原始源对象"和"保留原目标对象"），利用相同的方法处理服装的其他部分，得到所需图形。

step 12　利用贝塞尔工具绘制裆部，完成设计。

9.3　立领男式衬衣的设计与表现

step01　复制男童镶拼衬衣案例step20的全部图形。

step02　删除不必要的图形与线条，得到所需图形。

step03　利用贝塞尔工具绘制出领子。

step 04　再利用形状工具对领子进行调整，得到所需图形。　　　step 05　将领子填上颜色，完成设计。

9.4　男式五分裤的设计与表现

9.4.1　男式五分裤的正面设计与表现

step01

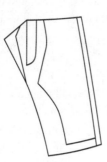

step02

step03

step04

step 01　利用贝塞尔工具绘制出红色与绿色图形。

step 02　执行"窗口>泊坞窗>造形"命令，打开造形面板，选用step01中的红色图形作为来源对象，绿色图形作为目标对象，执行"相交"命令（不勾选"保留原始源对象"，勾

选"保留原目标对象"），得到所需图形。

step 03　利用贝塞尔工具绘制出红色图形并填上白色。

step 04　利用贝塞尔工具绘制出虚线。

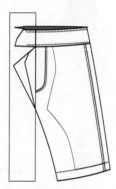

step05

step06

step07

step08

step05 选中step04的全部图形，执行"排列>群组"命令，再利用矩形工具拖曳绘制出矩形，得到所需图形。

step06 选用step05中的红色矩形作为来源对象，群组后的图形作为目标对象，执行"修剪"命令（不勾选"保留原始源对象"和"保留原目标对象"），得到所需图形。

step07 执行"排列>取消群组"命令，然后执行"文件>导入"命令，导入布料素材图片。

step08 选择布料图片，然后执行"效果>图框精确剪裁>置于图文框内部"命令，当鼠标变为箭头形状时单击step06的红色图形，将面料图片填充到红色图形内部。

step 09 选择step08的全部图形，按Ctrl键做镜像复制，得到所需图形。

step 10 删除掉不必要的图形，选用step09中的红色图形作为来源对象，黄色图形作为目标对象，执行"焊接"命令（不勾选"保留原始源对象"和"保留原目标对象"），得到所需图形。

step 11 利用矩形工具和椭圆形工具绘制出纽扣，完成正面的设计。

9.4.2 男式五分裤的背面设计与表现

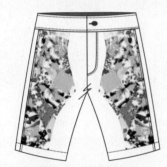

step 12 复制step11的全部图形。

step 13 删除不必要的图形与线条，得到所需图形。

step 14 选用step13中的黄色图形作为来源对象，红色图形作为目标对象，执行"焊接"命令（不勾选"保留原始源对象"和"保留原目标对象"），完成背面的设计。

9.5 女童对襟上衣的设计与表现

9.5.1 女童对襟上衣的正面设计与表现

step01

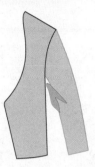
step02

step03

step04

step05

step 01 利用贝塞尔工具绘制出红色与绿色的图形。

step 02 填上颜色，执行"排列>顺序>到图层的后面"命令，把红色图形放到绿色图形的后面，得到所需的图形。

step 03 利用贝塞尔工具绘制出红色图形，填上较深的颜色，表现出阴影。

step 04 执行"窗口>泊坞窗>造形"命令，打开造形面板，选用step03中的红色图形作为来源对象，绿色图形作为目标对象，执行"相交"命令（不勾选"保留原始源对象"，勾选"保留原目标对象"），得到所需图形。

step 05 利用贝塞尔工具绘制出红色线条。

step06

step07

step08

step09

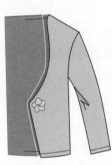
step10

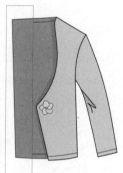
step11

step 06 利用贝塞尔工具绘制出花瓣的形状，填上颜色。

step 07 执行"排列>变换>旋转"，角度设置为72°，相对中心选择"中下"，副本设为4，然后单击"应用"按钮，得到所需的图形。

step 08 利用椭圆形工具绘制出椭圆形形状，将其放到step07的中间，得到所需的图形。

step 09 调整step08全部图形的大小，将其放到step05合适的位置，得到所需的图形。

step 10 利用贝塞尔工具绘制出图形，填上较深的颜色，作为服装的阴影。执行"排列>顺序>到图层的后面"命令，调整好顺序，再执行"排列>群组"命令，得到所需的图形。

step 11 利用矩形工具拖曳绘制出矩形形状。

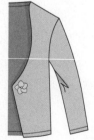

step 12 选用step11中的红色矩形作为来源对象，群组后的图形作为目标对象，执行"修剪"命令（不勾选"保留原始源对象"和"保留原目标对象"）。

step 13 选择step12的全部图形，按Ctrl键做镜像复制，再执行"排列>取消群组"命令，得到所需图形。

step 14 选用step12中的红色图形作为来源对象，黄色图形作为目标对象，执行"焊接"命令（不勾选"保留原始源对象"和"保留原目标对象"），完成正面的设计。

9.5.2 女童对襟上衣的背面设计与表现

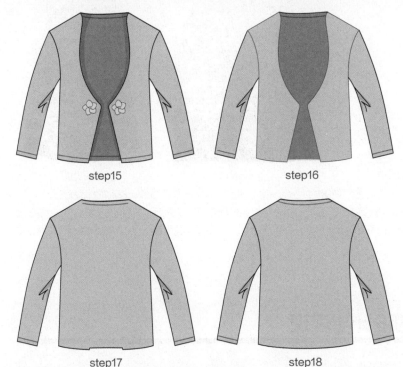

step15 复制step14的全部图形。

step16 删除不必要的图形与线条，得到所需图形。

step17 选用step16中的黄色图形作为来源对象，红色图形和紫色图形作为目标对象，执行"焊接"命令（不勾选"保留原始源对象"和"保留原目标对象"），得到所需图形。

step18 利用形状工具对领口进行调整，完成背面设计。

9.6 女童高腰连衣裙的设计与表现

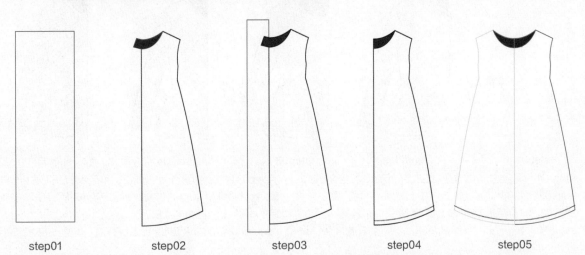

step 01 利用矩形工具拖曳绘制出矩形形状，然后转换为曲线。

step 02 利用形状工具对连衣裙的外形进行调整，然后再利用贝塞尔工具绘制出红色图形，填上颜色。全选图形，执行"排列>群组"命令。

step 03 利用矩形工具拖曳绘制出矩形形状。

step 04 执行"窗口>泊坞窗>造形"命令，打开造形面板，选用step03中的红色矩形作为来源对象，群组后的图形作为目标对象，执行"修剪"命令（不勾选"保留原始源对象"和"保留原目标对象"），得到所需图形。

step 05 选择step04的全部图形，按Ctrl键做镜像复制，再执行"排列>取消群组"命令，得到所需图形。

| step06 | step07 | step08 | step09 |

step 06　选用step05中的红色图形作为来源对象，黄色图形作为目标对象，执行"焊接"命令（不勾选"保留原始源对象"和"保留原目标对象"），利用同样的方法对服装的其他部分进行操作，得到所需图形。

step 07　利用贝塞尔工具绘制红色线条。

step 08　执行"文件>导入"命令，导入布料素材图片。

step 09　选择布料图片，执行"效果>图框精确剪裁>置于图文框内部"命令，当鼠标变为箭头形状时单击step07的绿色图形，完成设计。

9.7　女式系带上衣的设计与表现

9.7.1　女式系带上衣的正面设计与表现

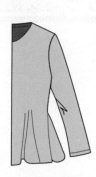

| step01 | step02 | step03 | step04 | step05 |

step 01　利用贝塞尔工具绘制出红色、绿色和黄色的图形。

step 02　给各图形填上颜色，并执行"排列>群组"命令。

step 03　利用矩形工具拖曳绘制出矩形形状。

step 04　执行"窗口>泊坞窗>造形"命令，打开造形面板，选

用step03中的红色矩形作为来源对象，群组后的图形作为目标对象，执行"修剪"命令（不勾选"保留原始源对象"和"保留原目标对象"），得到所需图形。

step 05　利用贝塞尔工具绘制出红色线条，表现服装的褶皱。

| step06 | step07 | step08 | step09 |

step06　选择step05的全部图形，按Ctrl键做镜像复制，再执行"排列>取消编组"命令。

step07　选用step06中的红色图形作为来源对象，黄色图形作为目标对象，执行"焊接"命令（不勾选"保留原始源对象"和"保留原目标对象"）；再选用step06中的蓝色图形作为来源对象，绿色图形作为目标对象，执行"焊接"命令

（不勾选"保留原始源对象"和"保留原目标对象"），得到所需图形。

step08　利用贝塞尔工具绘制出腰带，将其填上颜色，得到所需图形。

step09　利用矩形工具拖曳绘制出矩形，再转换为曲线进行调整，表现出腰带裥，完成正面的设计。

9.7.2　女式系带上衣的背面设计与表现

step 10　复制step09的全部图形。

step 11　选用step10中的黄色图形作为来源对象，红色图形作为目标对象，执行"焊接"命令（不勾选"保留原始源对象"和"保留原目标对象"），得到所需图形。

step 12　利用形状工具对领口进行调整，完成背面的设计。

9.8　女式包臀裙的设计与表现

 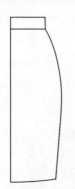  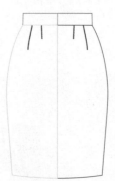 

| step01 | step02 | step03 | step04 | step05 |

step 01　利用矩形工具拖曳绘制出两个矩形形状，然后将其转换为曲线。

step 02　利用形状工具对裙子外形进行调整，得到所需图形。

step 03　利用贝塞尔工具绘制出省道，得到所需图形。

step 04　选择step03的全部图形，按Ctrl键做镜像复制，得到所需图形。

step 05　执行"窗口>泊坞窗>造形"命令，打开造形面板，选用step04中的红色图形作为来源对象，黄色图形作为目标对象，执行"焊接"命令（不勾选"保留原始源对象"和"保留原目标对象"），利用同样的方法进行操作，并利用贝塞尔工具绘制出绿色的线条，得到所需图形。

step06　　　　　　　　step07

step 06　　执行"文件>导入"命令，导入布料素材图片。

step 07　　选择布料图片，执行"效果>图框精确剪裁>置于图文框内部"命令，当鼠标变为箭头形状时单击step05的红色图形，将布料填充到裙子内部，完成设计。

9.9　女童马甲的设计与表现

9.9.1　女童马甲的正面设计与表现

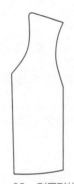
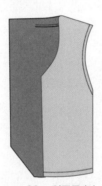

step 01　利用矩形工具拖曳绘制出矩形，然后转换为曲线。

step 02　利用形状工具对马甲外形进行调整，得到所需图形。

step 03　利用贝塞尔工具进行绘制，填上较深的颜色，执行"排列>顺序"命令，调整图形的顺序，得到所需图形。

step 04　执行"文件>导入"命令，导入布料素材图片。

step 05　选择布料图片，执行"效果>图框精确剪裁>置于图文框内部"命令，当鼠标变为箭头形状时单击step03的红色图形，得到所需图形。

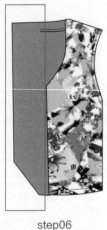

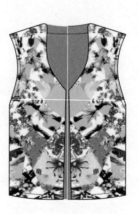
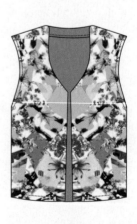

step06　　　　　　　　step07　　　　　　　　step08　　　　　　　　step09

step06 选择step05的全部图形，执行"排列>群组"命令，再利用矩形工具拖曳绘制出矩形。

step07 执行"窗口>泊坞窗>造形"命令，打开造形面板，选用step06中的红色的矩形作为来源对象，群组后的图形作为目标对象，执行"修剪"命令（不勾选"保留原始源对象"和"保留原目标对象"），得到所需图形。

step08 选择step07的全部图形，按Ctrl键做镜像复制，再执行"排列>取消群组"命令，得到所需图形。

step09 选用step08中的红色图形作为来源对象，黄色图形作为目标对象，执行"焊接"命令（不勾选"保留原始源对象"和"保留原目标对象"），完成正面的设计。

9.9.2 女童马甲的背面设计与表现

step10   step11   step12

step 10 复制step09的全部图形。

step 11 选用step10中的黄色图形作为来源对象，红色图形和蓝色图形作为目标对象，执行"焊接"命令（不勾选"保留原始源对象"和"保留原目标对象"），得到所需图形。

step 12 利用形状工具对领口进行调整，完成背面的设计。

9.10 女童大摆裙的设计与表现

step01   step02   step03

step 01 利用贝塞尔工具进行绘制并填上颜色，得到所需图形，并将其群组。

step 02 利用矩形工具拖曳绘制出红色矩形形状。

step 03 执行"窗口>泊坞窗>造形"命令，打开造形面板，选用step02中的红色矩形作为来源对象，群组后的图形作为目标对象，执行"修剪"命令（不勾选"保留原始源对象"和"保留原目标对象"），得到所需图形。

step04   step05   step06

step 04 选择step03的全部图形，按Ctrl键做镜像复制，得到所需图形。

step 05 选用step04中的红色图形作为来源对象，黄色图形作为目标对象，执行"焊接"命令（不勾选"保留原始源对象"和"保留原目标对象"），利用同样的方法对裙子的其他部分进行操作，得到所需图形。

step 06 利用贝塞尔工具进行绘制，表现出裙摆的褶皱。

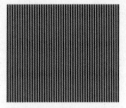

step 07 选择贝塞尔工具，按住Ctrl键绘制出垂直线。

step 08 执行"排列>变换>位置"命令，X设定为2mm，副本设置为66，单击"应用"按钮，并将其群组。

step 09 选中step08的全部线条，执行"效果>图框精确剪裁>置于图文框内部"命令，当鼠标变为箭头形状时单击step05的红色图形，完成设计。

小结

"图框精确剪裁"功能和造型中的"相交"功能在效果上有相同之处，但各自的特点也相当明显。有时候"图框精确剪裁"功能应用起来方便，有时候则必须使用"相交"功能，要根据具体情况来选择你熟悉的及需要的功能来进行操作。

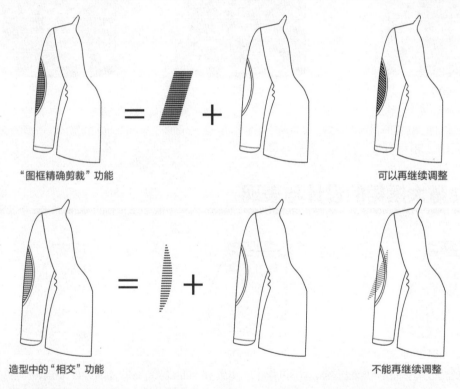

"图框精确剪裁"功能　　　　　　　　　可以再继续调整

造型中的"相交"功能　　　　　　　　　不能再继续调整

在将图形或素材填充到特定图形内部的情况下，选择"相交"或者"图框精确剪裁"功能都可以，如果需要对填充后的图形进行再修改的话，最好选择"图框精确剪裁"功能。而在界定图形的外轮廓时，选择"相交"命令比较好。

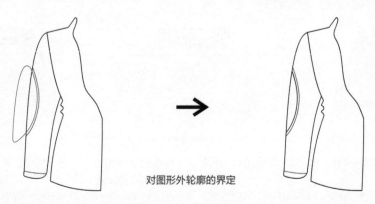

对图形外轮廓的界定

品牌识别系统代表着企业整体形象，是企业的理念、目标、行动等的体现。好的品牌识别系统能让消费者在众多的品牌中快速识别出并记忆住目标品牌，并且能提高用户的忠诚度。

10.1 文字工具

　　文字工具也是是服装设计中经常应用的工具之一，Coreldraw中有专门的菜单栏和文字工具相配套，而文字工具主要分为美术文字和段落文本两种，两种文字可以相互转换，功能强大。

服装设计

step01

step 01　选中文字工具，在页面上单击，出现闪烁光标，就可以直接输入美术字。

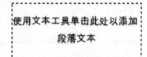

step02

step 02　选中文字工具，在页面上拖曳出文本框，就可以在文本框中直接输入段落文字。

段落文字与图形混合编排时可以选择绕图排版，而美术字则不能绕图排版。

step03

step 03　段落文字与图形混合编排时可以选择绕图排版，而美术字则不能绕图排版。

step04

step 04　选中文字，单击右键执行"转换为曲线"命令，是将文字转变为图形进行编辑的主要步骤。当文字转换为曲线后就不能再以文字的形式调整样式和编辑大小，但可以利用选择工具拉大缩小或利用形状工具进行编辑。将文字转换为曲线后，在其他电脑没有相同样式字体的情况下打开文件，文件可以正常打开；反之，当电脑缺少相对应的字符时，就可能出现文字无法显示、乱码或者出错等现象（注：当文件全部完成，不需要再编辑，可以直接输出时，为防止其他电脑没有相同样式的字体，可以把文字转换为曲线后，再进行保存）。

step05

step 05　选中文字，在属性栏中可以调整文字的样式、字体、字号大小、文本对齐方式等（或者执行"文本>文本属性"命令，弹出文本属性浮动面板进行操作），主要有三部分内容，字符（调整字体的大小及样式等）、段落（调整文字之间的行距、字距、字体的对齐方式等等）和图文框。

HONGYELIN

step 01 利用文字工具输入HONGYELIN，执行"文本>文本属性"命令，在字体列表中选Arial字体，并选全部大写字母，得到所需图形。

H

step 02 选中文字，单击右键打开快捷菜单，执行"转换为曲线"命令，然后利用形状工具对字母H进行编辑，得到所需图形。

HONG YE LIN

step 03 利用相同的方法编辑其他字母，得到所需图形。

紅葉林

step 04 利用文字工具输入红叶林，执行"文本>文本属性"命令，在字体列表中选择经典粗黑繁字体。

紅葉林

step 05 选中文字，执行"转换为曲线"命令，然后利用形状工具对"红"字的一边进行编辑。

紅葉林

step 06 利用形状工具对红字另一边进行编辑，接着用贝塞尔工具绘制出红色图形。

紅葉林

step 07 执行"窗口>泊坞窗>造形"命令，打开造形面板，选用step06中的红色图形作为来源对象，绿色图形作为目标对象，执行"修剪"命令（不勾选"保留原始源对象"和"保留原目标对象"），得到所需图形。

紅葉林

step 08 利用相同的方法编辑其他文字，得到所需图形。

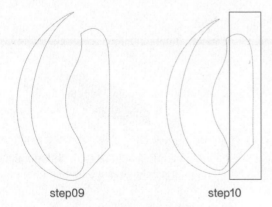

step09   step10

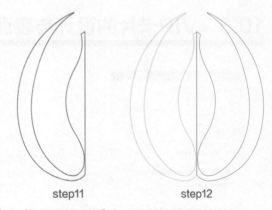

step11   step12

step 09 利用贝塞尔工具绘制出绿色图形。
step 10 利用矩形工具拖曳绘制出红色矩形形状。
step 11 选用step10中的红色矩形作为来源对象，绿色图形作为目标对象，执行"修剪"命令（不勾选"保留原始源对

象"和"保留原目标对象"），得到所需图形。
step 12 选中step11的全部图形，按Ctrl键做镜像复制，得到所需图形。

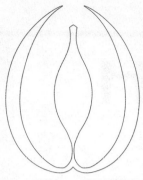

step 13 选用step12中的红色图形作为来源对象，黄色图形作为目标对象，执行"焊接"命令（不勾选"保留原始源对象"和"保留原目标对象"）。

step 14 利用形状工具对细节进行调整，并填上颜色，得到所需图形。

step 15 选择贝塞尔工具，用其绘制出黄色图形。

step 16 选用step15中的黄色图形作为来源对象，红色图形作为目标对象，执行"修剪"命令（不勾选"保留原始源对象"和"保留原目标对象"），得到所需图形。

step 17 把step03、step08和step16完成的图形放置到一起，然后输入大写Ⓡ，完成标志的设计。

10.3 VIP卡片的设计与表现

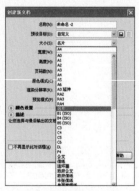

step 01 执行"文件>新建文档"命令，在"大小"选项中选择名片。

step 02 利用贝塞尔工具进行绘制，得到所需的图形。

step 03 选择交互式渐变填充工具（颜色选黄色和灰色），对准step02的图形拖曳出渐变色。

step 04 接着选透明度工具拖曳，将渐变色的一端调整为半透明。

step 05 复制两个step04的图形，将三个相同的图形重叠放在一起，并进行群组。

step 06 利用矩形工具拖曳绘制出矩形形状。

step 07 选中step05的全部图形，执行"效果>图框精确剪裁>置于图文框内部"命令，当鼠标变为箭头形状时单击step06的矩形形状，单击右键打开快捷菜单，执行"编辑内容"命令，将图形调整到满意的效果。

step 08 利用矩形工具拖曳绘制出矩形形状，然后填上颜色，得到所需的图形。

step 09 利用选择工具把step07和step08放到一起，得到所需的图形。

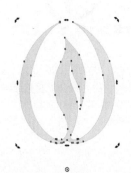

step 10 复制标志的设计与表现案例中step16的全部图形，修改颜色，得到所需的图形。

step 11 选中step10，执行"排列>变化>旋转"命令，调整旋转点的位置（选择挑选工具，用鼠标双击对象，也可以移动旋转中点），得到所需的图形。

step 12 执行"排列>变化>旋转"命令，角度设置为90°，副本设置为3，不需要勾选"相对中心"，单击"应用"按钮，得到所需的图形。

step 13 选中step12的全部图形，执行"排列>变化>位置"命令，"相对中心"选择右中，副本设置为2，单击"应用"按钮，得到所需的图形。

step 14 利用同样的方法对图形进行复制，得到所需的图形。

step 15　利用矩形工具拖曳绘制出矩形形状，选择交互式渐变填充工具（颜色选黄色、白色和黄色），绘制出渐变色，得到所需的图形。

step 16　选中step09的全部图形，然后执行"效果>图框精确剪裁>置于图文框内部"，当鼠标变为箭头形状时单击step15的矩形，单击右键打开快捷菜单，执行"编辑内容"命令，将图形调整到满意的效果。

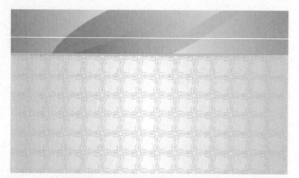

step 17　利用与step16同样的方法，将step14制作的图形填充到矩形内部，得到所需的图形。

step 18　复制标志的设计与表现案例中step17的标志。

step 19　选择交互式渐变填充工具（颜色选金黄色、黄色和金黄色），绘制出渐变色，得到所需的图形。

step 20　利用选择工具把step19的图形放到step18的图形上面，完成正面的设计。

step 21　利用文字工具输入字母VIP。

step 22　选择交互式渐变填充工具（颜色选金黄色、黄色和金黄色），绘制出渐变色，得到所需的图形。

step 23　选择阴影工具，对准VIP拖曳，将阴影调整到合适的位置，得到所需的图形。

会员卡的使用
1、请在结账前出示此卡；
2、此卡可享受会员优惠待遇；
3、不得与其它优惠同时使用；
4、此卡一经售出，概不兑现。如有遗失，请及时挂失；
5、本店保留此卡法律范围内的最终解释权。

step 25　利用文字工具输入文字。

step 25　把step23的全部图形和step24的全部图形放到step17的上面，完成背面的设计。

10.4　服装吊牌的设计与表现

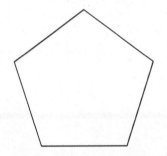

step 01　利用多边形工具绘制出五边形。

step 02　利用形状工具选中五边形每条边的中间节点并将其删除。接着选择变形工具，在属性栏上选择"推拉变形"，将"推拉涨幅"的值设置为-55，得到所需的图形。

step 03　选择交互式填充工具，填上颜色，得到所需的图形。

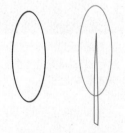

step04　　　　step05

step06　　　　step07

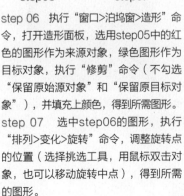

step 04　利用椭圆形工具拖曳绘制出椭圆形状。
step 05　利用贝塞尔工具绘制出红色图形。

step 06　执行"窗口>泊坞窗>造形"命令，打开造形面板，选用step05中的红色的图形作为来源对象，绿色图形作为目标对象，执行"修剪"命令（不勾选"保留原始源对象"和"保留原目标对象"），并填充上颜色，得到所需图形。
step 07　选中step06的图形，执行"排列>变化>旋转"命令，调整旋转点的位置（选择挑选工具，用鼠标双击对象，也可以移动旋转中点），得到所需的图形。

step 08　执行"排列>变化>旋转"命令，角度设置为60°，副本设置为5，不需要勾选"相对中心"，单击"应用"按钮，然后调整颜色，得到所需的图形。

step 09 选择艺术画笔工具，在属性栏上选"笔刷"，在类别中选"飞溅"，然后在笔刷笔触里面选择合适的笔触，得到所需的图形。

step 10 利用艺术画笔工具绘制出合适的图形，并调整大小。

step 11 选中step08、step09和step10的全部图形，执行"效果>图框精确裁剪>置于图文框内部"命令，当鼠标变为箭头形状时单击step03的图形，单击右键打开快捷菜单，执行"编辑内容"命令，将图形调整到满意的效果。

step 12 复制标志的设计与表现案例中step17的标志，填充为白色，将其置到step11图形的上面。然后，用椭圆形工具拖曳绘制出椭圆形状，填上颜色，作为吊牌的打孔处，完成设计。

10.5 服装包装袋的设计与表现

step 01 复制服装吊牌的设计与表现案例step11的全部图形。

step 02 单击右键打开快捷菜单，执行"提取内容"命令，然后删除掉不必要的图形，得到所需的图形。

step 03 利用矩形工具拖曳绘制出矩形形状，再用交互式填充工具进行渐变填充，得到所需的图形。

step 04 选中step03中的绿色矩形，将其转换为曲线，然后利用形状工具对绿色矩形进行调整，得到所需的图形。

step 05 利用同样的方法进行绘制，得到所需的图形。

step 06 选中step02的全部图形，执行"效果>图框精确裁剪>置于图文框内部"命令，当鼠标变为箭头形状时单击step05的图形，再单击右键打开快捷菜单，执行"编辑内容"命令，将图形调整到满意的效果。

step 07　复制标志的设计与表现案例中step17的标志，然后将其放到step06的图形上面，得到所需的图形。

step 08　选择文字工具输入文字，得到所需的图形（注意竖排文字需要在属性栏上选择文字的方向）。

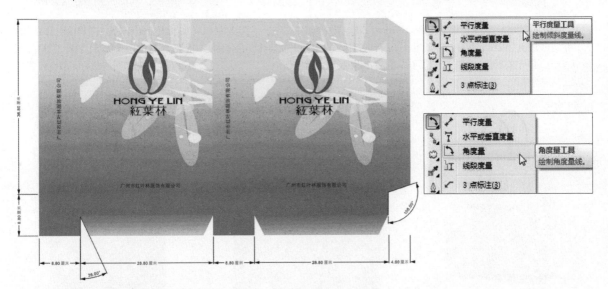

step 09　复制step08的图形并适当调整，再选择平行度量和角度量工具把包装的尺寸标示清晰，完成设计。

10.6　服装包装袋的效果图表现

step 01　复制服装包装袋的设计与表现案例中step08的全部图形，删除不必要图形，得到所需的图形。

step 02　选中step01中绿色部分的图形，利用封套工具进行调整（封套工具是通过对对象的边界进行控制，来改变对象的形状。一般情况下要对多个图形同时调整变形时，用封套工具是比较好的选择），得到所需的图形。

step 03　选中step02侧面的蓝色图形，执行"转换为曲线"命令，接着用鼠标按一边进行推拉缩小图形，再利用形状工具进行修改，得到所需的图形。

step 04　复制侧面的图形，利用形状工具进行修改，然后把文字移到合适的位置，得到所需的图形。

step 05　利用贝塞尔工具绘制出袋子的提带，再复制一个提带，执行"排列>顺序>到页面的后面"命令，得到所需的图形。

step 06　将step05的图形全部群组并进行复制，将复制的图形进行垂直镜像翻转，得到所需的图形。

step 07　选中下面的图形，双击鼠标，得到所需的图形。

step 08　选中侧面的图标（step07红框中的图标），然后向上推，利用同样的方法对另一侧进行调整，得到所需的图形。

step 09 选中下面的图形，利用透明度工具做透明处理，接着再用交互式填充工具做渐变处理，执行"排列>顺序>到页面的后面"命令，最后添加背景，完成效果图的设计。

小结

　　品牌系统能明确地表达企业的形象，因此整体性和系列性要强。特别是品牌的标志，图形设计要简约、易记忆、便于运用，色彩的视觉冲击力强，这样才能吸引消费者。

图书在版编目（CIP）数据

服装设计表现：CorelDRAW表现技法／吴训信，石淑芹著. — 北京：

中国青年出版社，2015.8

ISBN 978-7-5153-3840-8

I.①服… II.①吴… ②石… III.①服装设计—图形软件

IV.①TS941.2-39

中国版本图书馆CIP数据核字（2015）第218852号

服装设计表现：CorelDRAW表现技法

吴训信　石淑芹　著

出版发行：	中国青年出版社
地　　址：	北京市东四十二条21号
邮政编码：	100708
电　　话：	（010）50856188／50856199
传　　真：	（010）50856111
企　　划：	北京中青雄狮数码传媒科技有限公司
策划编辑：	蔡苏凡
责任编辑：	张　军
封面设计：	郭广建
印　　刷：	中煤涿州制图印刷厂北京分厂
开　　本：	787 x 1092　1/16
印　　张：	10
版　　次：	2015年8月北京第1版
印　　次：	2015年8月第1次印刷
书　　号：	ISBN 978-7-5153-3840-8
定　　价：	49.80元